盘式转子动平衡
检测方法与应用

郜思洋　张邦成 /// 著

化学工业出版社

·北京·

内容简介

本书主要研究了盘式转子的动平衡检测方法和技术，针对现有技术存在的问题，研究提出了基于气悬浮原理的静平衡和偶平衡转子的测量方法，并通过计算盘式转子的动不平衡量来提高检测精度。本书共分为 7 章，内容包括绪论、动平衡理论研究与误差分析、气悬浮动平衡检测试验台仿生机理研究、动平衡测量信号处理方法研究、动平衡机网络化实现、盘式转子气悬浮动平衡检测试验台样机开发与试验、结论与展望。

本书理论与实践相结合，可供机械科学及相关领域科研人员阅读参考，也可供高等学校机械科学与工程及相关专业的师生学习参考。

图书在版编目（CIP）数据

盘式转子动平衡检测方法与应用/郜思洋，张邦成著. —北京：化学工业出版社，2024.3
ISBN 978-7-122-44474-5

Ⅰ．①盘… Ⅱ．①郜…②张… Ⅲ．①机械传动-动平衡-研究 Ⅳ．①TH132

中国国家版本馆 CIP 数据核字（2023）第 224958 号

责任编辑：董　琳　　　　　　文字编辑：刘　璐
责任校对：李　爽　　　　　　装帧设计：张　辉

出版发行：化学工业出版社
　　　　　（北京市东城区青年湖南街 13 号　邮政编码 100011）
印　　装：北京科印技术咨询服务有限公司数码印刷分部
710mm×1000mm　1/16　印张 10½　字数 178 千字
2024 年 3 月北京第 1 版第 1 次印刷

购书咨询：010-64518888　　　　售后服务：010-64518899
网　　址：http://www.cip.com.cn
凡购买本书，如有缺损质量问题，本社销售中心负责调换。

前言

动平衡机是随着旋转机械的发展而发展起来的,用于消除旋转部件不平衡带来的负面影响,提高机器的工作精度和稳定性,延长使用寿命,避免事故的发生。 在汽车、轨道车辆、陀螺仪、航空航天、导弹、化工、食品等领域,动平衡技术和设备都是必不可少的一环。 因此,如何进一步提高动平衡检测精度仍然是目前亟须解决的关键问题。

对于高速旋转工件来说,动平衡指标是重中之重,目前国产动平衡检测设备,价格虽然低廉,但测量精度不高,对于低速、低精度动平衡检测领域,国产设备尚能够满足国内需求,然而,国内动平衡检测设备在高速、高精度动平衡检测领域的测量精度和性能无法满足需求。 我国对于高精度测量的需求较大,只能依赖进口产品,增加了企业动平衡检测成本和产品的生产负担。 因此,国产高精度动平衡检测设备技术的研究亟待加强,必须瞄准国际先进水平,提高我国在高速、高精度动平衡检测领域的水平。 技术突破可降低工程造价,解决备品、备件问题,同时也可以带动国内相关机电产品的技术进步和产业发展。

同时,动平衡检测设备关键技术的自主研发,不仅可以为平衡检测系统的研究和开发提供新的思路和方法,而且对动平衡相关理论的研究也具有重要的意义,能够促进我国动平衡行业的发展。

本书基于对国内外动平衡机动平衡检测技术的发展现状和研究成果的考虑,对该技术存在的问题进行了分析,并提出了研究内容和思路,而且对动平衡理论和平衡检测误差进行了研究和分析。 通过对基于长耳鸮翅膀结构的气悬浮动平衡机仿生机理的分析和设计,探究了气悬浮动平衡测量的基本原理，并设计出了气悬浮动平衡检测平台来进行模拟仿真。随后，运用遗传算法对平衡机结构参数进行优化，并进行实验验证。本书还研究了动平衡测量信号处理方法，尤其是转子不平衡特征信号的高精度提取和去噪技术，通过准则阈值去噪法和粒子群优化改进的 BP 神经网络的数据融合技术对不平衡量特征信号进行去噪和提取，确保测量系统的稳定性和高精度。本书介绍了在动平衡机系统中应用 ERP 和 MES 系统的管理方式，利用 WiFi 技术实现平板电脑向云服务器的数据传输，提高企业的生产管理水平。最后，本书阐述了应用上述技术和方法研发的盘式转子气悬浮动平衡检测试验台物理样机，并进行了实验验证。

本书旨在介绍动平衡技术的发展历程、原理及其在旋转设备制造过程中的应用，并深入探讨国产高精度动平衡检测设备技术的研究现状和发展趋势，希望能为动平衡行业的发展和相关领域的技术进步做出贡献。

本书在出版过程中，得到了吉林省科技厅重点研发项目（项目编号：20220201051GX）的大力支持，使得本书顺利完成。在此一并表示衷心感谢！

由于著者水平及时间有限，书中不妥和疏漏之处在所难免，恳请读者不吝指正。

著者

2023 年 8 月

目录

第3章　气悬浮动平衡检测试验台仿生机理研究　/047

第4章　动平衡测量信号处理方法研究　/071

第 5 章 动平衡机网络化实现 / 115

第6章　盘式转子气悬浮动平衡检测试验台样机开发与试验 / 129

第7章　结论与展望 / 150

参考文献 / 154

第1章
绪　论

1.1
动平衡机研究背景及意义

在机械制造业中，高精度、高转速旋转体（即旋转工件或转子）的应用，必须以良好的平衡作为先决条件。由于多种因素引起旋转工件质量分布不均匀，从而使不平衡量出现在旋转工件中时，往往会加大轴承的负荷，使磨损加重，从而引起振动以及噪声的产生，造成设备使用寿命缩短，可能导致旋转轴和相关安装部件因此而产生疲劳缺口，存在隐患，甚至引起事故。

为了有效解决上述问题，对旋转体进行动平衡处理，已成为汽车、轨道车辆、航空航天、化工、食品等领域的设备制造业必不可少的工艺措施之一。因此，如何进一步提高动平衡检测精度是目前亟须解决的关键问题。

工业生产中动平衡检测工件种类很多，如图 1-1 所示。

对于高速旋转工件来说，动平衡指标是重中之重，我国在 2000 年颁布了动平衡的在线检测标准，2010 年进行了修订。高速旋转工件不平衡会导致旋转工件在工作时产生离心力，进而产生振动，影响旋转工件使用性能和使用寿命，情况严重时，容易造成工作人员伤亡。动平衡的检测是通过传感器获取转子相关部位的振动信息，并对数据进行处理，找出其在转子各平衡调整面上的等效不平衡量及其位置。旋转工件的平衡量按照检测出的平衡工件相应指标来划分等级，同时标记不平衡量所处的位置。

在转子动力学领域中，国内外学者们对动平衡检测技术开展了相关研究。Sinou 等对挠性转子的非动态响应进行了研究，通过估计不平衡量的相应谐波，得出刚性转子和挠性转子的平衡方法。浙江大学的化机研究所课题组在周保堂带领下对现场动平衡技术进行了研究，其中包括微速差双转子整机动平衡。硬支承的计算方法的弊端是原理性误差，Bishop 利用对称转子、非对称转子以及外悬转子解决了该问题，在其中建立了非常精确的动力学模型，并对其做了平衡误差的分析。西安交通大学的屈梁生等将模态平衡法与全息谱技术结合，成功完成了非对称转子在其非临界转速下的两阶模态动平衡。华军等对非线性转子和轴承系统展开了研究，并分析了动力学行为以及稳定性，将其有效地应用在工程设计领域中。王义等研究组合转子的动平衡，并利用遗传算法对转子动平衡进行了优化。

（a）纸浆磨片(组合式工件)

（b）单片纸浆磨片

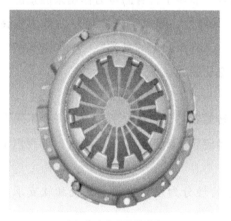

（c）汽车离合器盖总成

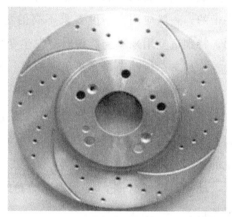

（d）汽车刹车盘

（e）纸浆锥形磨片

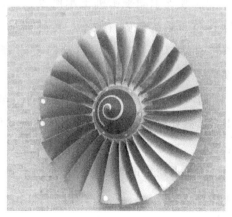

（f）飞机发动机风扇叶片

图 1-1　动平衡检测工件

1.2
动平衡机分类和组成

1.2.1　动平衡机的分类

平衡机的类型繁多,按照不平衡测量原理,平衡机主要有重力式平衡机和离心力式平衡机两类。

(1) 重力式平衡机

重力式平衡机一般称为静平衡机,它是依靠转子自身的重力作用来测量静不平衡的,一般应用在精度要求不高的盘状零件中。静平衡机测量时工件无须转动,特别适宜用来平衡旋转时会发生变形的工件及大型的盘类零件,如未烧结的砂轮、列车车轮制动盘、飞机螺旋桨、航空轮胎等。

(2) 离心力式平衡机

离心力式平衡机是在转子绕其轴线旋转的状态下,通过测量因转子的不平衡离心力引起的支承系统的振动或动载荷来确定转子不平衡量的平衡机,即我们常说的动平衡机。

动平衡机根据转子-支承系统的动力学特性分为硬支承动平衡机和软支承动平衡机。

① 硬支承动平衡机支承刚度大,转子在动平衡机上的旋转频率远远低于转子-支承系统的固有频率,传感器检测出的信号与支承的振动力成正比,平衡转速须超过共振区,启动时要求锁紧摆架,摆架支承刚度很低,测量精度高。

② 软支承动平衡机支承刚度小,转子旋转频率高于转子-支承系统固有频率,传感器检测出的信号与支承的振动位移成正比,可在低转速下平衡,无须锁紧装置,可做超速试验,操作简便、安全性能好。

本书所研究的对象是硬支承动平衡机。表1-1中对软、硬支承动平衡机进行了比较。

表 1-1　软、硬支承动平衡机比较

比较内容	硬支承动平衡机	软支承动平衡机
平衡转速	远远低于系统固有频率	高于系统固有频率

比较内容	硬支承动平衡机	软支承动平衡机
测量方法	传感器检测出的信号与支承的振动力成正比	传感器检测出的信号与支承的振动位移成正比
操作简便性	操作简便	操作复杂
使用可靠性	结构坚固、耐冲击、可靠性高	耐冲击性差、操作须精心维护
轴承条件	支承刚度大、振幅小，与转子实际工况接近	支承刚度小、振幅较大，与转子实际工况相差大
平衡精度	一般及大部分转子均能满足	可达到较高的精度
适用范围	适用面广	适用于小转子、大批量、高精度平衡

1.2.2　动平衡机的组成

在使用动平衡机测量转子的不平衡量时必须使转子旋转，转子旋转产生的不平衡离心力使动平衡机支承摆架产生振动，通过测量摆架振动位移或所受动载荷来确定转子的不平衡量。动平衡机一般主要由支承系统、驱动系统和测量系统三部分组成。

（1）支承系统

支承系统主要由轴承、摆架以及摆架底座等组成，主要作用是支承转子，并保证转子在旋转时产生有规则的振动，摆架与测振传感器相连，所测的振动物理量由传感器拾取后转换成电信号送入后续电路进行处理。转子-支承系统的动力学特性直接影响动平衡机的性能，而摆架是支承系统也是关键组成部分，必须能牢固地支承转子。组成系统的各元件要有足够的强度和刚度，以承受转子的不平衡离心力。

此外，支承系统必须有足够的自由度，保证系统在转子不平衡离心力的作用下产生与转子不平衡量成正比的有规律的振动，以便测量某点的振动或所受动载荷，以确定转子的不平衡量。

平衡机的支承系统和转子构成了平衡机的机械振动系统，也常称为平衡机的转子-支承系统。其固有频率与平衡机工作转速的关系是设计制造软、硬支承型动平衡机的理论依据。因此，支承系统弹性元件的刚度和系统的参振质量的选择和确定是很重要的，必须引起足够重视。

（2）驱动系统

驱动系统通常包括动力源、变速装置和传动装置等，其主要功能是驱动转子使转子按所要求的平衡转速平稳地旋转。

驱动系统使转子按所要求的平衡转速转动，并应使转速尽量保持稳定。动力源应有足够的拖动功率，使转子在一定范围内旋转。变速（调速）装置应使转子得到所需要的转速。动平衡机的驱动系统对平衡精度有直接影响，必须按照需要慎重考虑选用。

（3）测量系统

测量系统主要由转速传感器、测振传感器、解算电路和显示装置等组成。经转速传感器获取的转速信号和测振传感器获取的振动信号输入到解算电路，经过信号的放大或衰减、滤波和程控放大等，最后在显示装置上显示不平衡量的大小与相位。转子的不平衡量是矢量，因此，不平衡量的测量包括两方面的任务，首先是要测出不平衡量的大小，其次还要测定不平衡量所在的相位。

对转子不平衡量的测量是通过测量支承系统的振动或其所承受的动载荷进行的。即由传感器将不平衡振动或支承动载荷转变成相应频率的电信号，但这种电信号还不能直接用来指示不平衡的大小和相位，它还包含各种不同频率的干扰，必须经过必要的转换和处理，即信号分析与处理。

从传感器完成机电信息转换到显示装置指示出不平衡量的大小和相位，这一完整的测量过程主要由几个部分组成：传感器、不平衡测量电路、显示装置。

动平衡机除以上三个主要组成部分之外，根据不同需求还有其他辅助装置，如去重装置、安全防护装置和不平衡相位标记装置等。

1.3
国内外研究现状

1.3.1　国外研究现状

国外学者们针对动平衡技术方面的研究主要是现场动平衡以及在线转子自动平衡技术。20 世纪 50 年代，由美国 Grobel 提出了振动平衡法（即模态平衡法），Kellenberger 和 Palazzolo 等在后期研究中对其加以改进。模态平衡法操作程序的实现无须完全依靠测量仪器与计算工具，所以可以将其应用于该时期的工业平衡。Shafei 等将复模态以及复振动响应加入模态平衡法中，通过该实验得到了改进模态平衡法，能够实现不试重同样可以平衡挠性转子。

1870 年，Martinson 发明了平衡机，但此平衡机的不平衡量是采用手动标记的。1985 年，Foppl 提出了关于无阻尼转子系统响应方程，此方程分析表明，在旋转工件转速显著高于临界转速时，转子将转向其质量中心，同时分析预测了临界速度下的无限响应和临界速度频率下的瞬态响应。1919 年，Jeffcott 对柔性转子平衡响应的基本性质进行了分析。1928 年，Weaver 提出了平衡权重和不平衡量对平衡系统的应力的影响，分析了刚性转子的旋转应力随不平衡量的大小和相位的变化而变化，进而提出了影响系数的概念。

1929 年，Rathbone 将影响系数平衡方法应用在平衡检测中，该方法采用线性叠加法，减缓了转子不平衡量引起的椭圆振动模式，同时 Rathbone 证明了不平衡量引起的转子椭圆运动可产生两个解，分别为垂直方向和水平方向的振动解，并利用轴向参考系，将两个振动方向分别表示为振幅和相位。1934 年，Thearle 提出了一种基于线性转子系统的双面测量法，并应用于动平衡检测中，提高了动平衡检测的精度，此方法与 Rathbone 的迭代方法相比，Thearle 的双面测量法包含了一个平衡分析解，也称为精确点平衡解。1936 年，Ribary 提出了一种图形结构，该结构利用最初不平衡量和三次不平衡量的振幅进行平衡。1939 年，Baker 等提出了一种试验权组的测量方法，应用在两个或两个以上平面上的平衡检测，解决了多面不平衡检测问题。

1940 年，Hopkirk 提出了向量解析平衡法和两面精确点平衡的解析式，该解析式被广泛地应用在平衡领域的研究中，有效地解决了双面动平衡检测问题，并提高了双面动平衡的检测精度。1953 年，Grobel 将静态平衡应用在低速转子平衡检测中，提高了平衡检测的精度。1954 年，Somervaille 提出了一种利用相位信息解决圆盘不平衡问题的图解方法。Somervaille 大大简化了 Ribary 的图形结构。Somervaille 的图形结构被称为无相位平衡的四圈法。1959 年，Bishop 提出了一种挠性平衡轴承的平衡方法，该方法对轴承本身特性进行了分析，并推算出不平衡量和转子的位移、振幅的多项式方程，同时计算出弯曲轴承和圆锥摆之间存在的比值关系。

1963 年，Bishop 和 Parkinson 对弯曲转子和质量不均的弯曲转子的平衡模态问题进行了大量研究，并在轴承平衡实验中验证了模态平衡理论的有效性，提出了一种柔性转子的模态平衡方法，该方法在平衡过程中需要考虑临界速度，当转子达到临界速度时，柔性转子的弯曲程度被放大。Lindley 和 Bishop 将模态平衡应用在大型汽轮机上，有效地解决了大型汽轮机的平衡问题。1964 年，Goodman 提出了最小二乘法平衡方程，改进了平衡检测技术，该方法利用多个平衡量测量点数据，使不平衡引起的振动数值的平方和最小，再寻求一种加权方案，通过最小二乘法进行加权迭代，将振动值最小化，进而提高了平衡检测精度。1966 年，Hundal 和 Harker 提出了一种基于分布质量不平衡情况下，转子在正常模态下的动力响应的柔性转子的平衡方法。该方法平衡校正是通过转子不平衡的模态分量来确定的。

1971 年，LeGrow 提出了一种利用计算机模型生成转子影响系数法，这种方法有效地提高了平衡检测的时间和成本，但此方法不能很好地检测出平衡转子的性能。1972 年，Lund 对传统的在线不平衡测量方法进行了研究，在不平衡转子平面中插入不平衡权重的平面，通过试重法进行平衡测试，此方法应用在多面不平衡检测中，通过平衡对比实验验证了该方法的有效性。1976 年，Little 提出了一种柔性转子平衡检测方法并通过实验验证了可行性，该方法能够识别转子的实际不平衡响应并建立对应的线性规划目标函数，通过目标函数确定不平衡状态。1978 年，Barrett 利用模态平衡并通过两种模式对转子进行平衡。1979 年，Pilkey 提出了挠性转子不平衡检测方法，此方法能够控制平衡权重的大小。1979 年，Jackson 提出了一种只基于振动幅度读数的单平面平衡方法，该方法说明当一个固定值的校准质量被放置在四个不同的位置时，需要测试四次不平衡量来确定振动振幅。

1982 年，Gunter、Springer 和 Humfrais 使用无相位模态平衡并通过三种模式对转子进行了平衡。1983 年，Gnielka 提出的模态平衡方法中，采用了一种简单的辨别方法，并将其应用在平衡检测中，提高了平衡检测的精度。1986 年，Rieger 和 Ribary 提出了相位标记法，并应用在早期的动平衡机中。1989 年，Badgley 提出了统一动平衡理论，该理论利用影响系数计算模态权重，应用于多面不平衡领域中。1997 年，Sanliturk 采用一阶谐波平衡法模拟非线性阻尼的等效振幅，有效地解决了涡轮叶片的平衡问题。

在 19 世纪 70 年代，Jackson 对转子的物理特性进行了分析，同时将相位记法与轴向分析法相结合获得相位数据，该方法对高速转子、低速转子和达到临界速度的转子都可进行平衡校正。Stocki 等提出了满足动平衡条件的轴承系统最优设计方法，将其应用在工程实际中。Didier 等研究了影响转子缺陷的多种因素，并对轴不对称、轴弯曲、转子未对准等各种缺陷造成的影响进行了分析，在分析中利用混沌多项式系数实现谐波平衡，以达到预期目标。Sinou 等研究了裂纹的存在对转子的稳定性产生的影响，并总结出该影响的应对方法，其影响是裂纹的存在直接影响转子的振动响应，导致其直接增加一个非线性分量，转子转速改变时裂纹状态发生变化，非线性分量也会随之变化，最终结果是使转子平衡性降低。Sinou 等对不规则转子和轴承系统展开了研究，估计球轴承挠性转子非线性动态响应中的谐波与高次谐波，对预估结果进行了分析，通过分析总结出类似球轴承刚性转子与挠性转子的平衡方法。Kunz 等利用旋翼飞机综合分析系统展开了对双叶螺旋桨的转子动平衡问题的研究，并对结果进行了分析，该过程对于复杂结构转子的动平衡问题的研究具有重要意义。

20 世纪初，美国学者阿基莫夫（Akimoff）和瑞士学者（Stodola）在平衡技术研究方面做出了突出贡献，并将平衡技术应用在检测设备中。1907 年，黑曼（Heyman）将德国学者拉瓦切克（Lawaczeck）的双面动平衡机相关专利进行了改良，投入工业生产中，初期使用的动平衡机结构复杂，通过测量振动振幅得到结果，存在精度不高、工作效率低等不足。20 世纪 50 年代在电子行业技术迅猛发展的基础上，电测系统的平衡设备几乎完全替代机械测量设备，电气标准转子有效解决了机械测量存在的问题，使工作效率明显提高。该时期出现的闪光式平衡机标志着动平衡机制造技术的发展。60 年代，瓦特发明的滤波器以及同步检波式滤波器，标志着动平衡机滤波技术的发展进入了新阶段，大大优化了动平衡机性能，明显提高了动平衡机信号的幅值，同时也提高了相位测量精度。无论是机械式动平衡机还是后期出现的电气测量系统，二者的支承系统本质上都是软支承动平衡机。70 年代，硬支承动平衡机的出现是平衡机发展史的一个里程碑，以前使用的软支承动平衡机是动态调整，而硬支承动平衡机是静态尺寸设定，实现了动平衡机使用过程的永久标定。80 年代，由于电子科技的进步，电子测量技术被大量投入动平衡机的测量以及控制系统中。这一时期，在工业科技水平相对发达的国家出现了测量与校正装置组合为一体的平衡装置，同时有了能够满足大批量生产的平衡机自动生产线。

在国外，主要是发达国家（如德国和美国），动平衡检测已经发展到较高水平，技术上也相对成熟。现在，随着计算机网络的普及和工控产品的更新换代，动平衡检测设备朝数字化、智能化、虚拟化和人性化方向发展。

德国的制造业历史悠久，其平衡机设备更是以高精度、高稳定性和高效率等优点而世界闻名，德国主要有三家从事动平衡机制造的公司，分别是申克（Schenck）公司、霍夫曼（Hofmann）公司和洛特林格（Reutlinger）公司，其中，作为龙头企业的申克（Schenck）公司规模最大，霍夫曼（Hofmann）公司次之，洛特林格（Reutlinger）公司就小得多。

具有代表性的是德国申克生产的平衡设备，如图 1-2 和图 1-3 所示，其测量系统稳定性好、精度高，代表了该领域的最高水平。

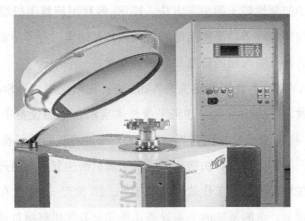

图 1-2   申克 VIRIO 立式动平衡检测设备

图 1-3   申克 QIRIV 卧式动平衡检测设备

　　日本的动平衡机产业兴起较晚，但其动平衡机在测量和校正方面依然表现得非常出色，日本的国际计测器株式会社（KOKUSA）当属日本最具影响力的公司。

　　美国 IRD 公司成立较晚，至今仅有二十几年的历史，其生产的平衡机主要是软支承平衡机，其自主研发的软支承摆架的灵敏度较高，且测量系统性能也比较强大。

　　动平衡检测设备主要包括：测量系统、电气控制系统。其中测量系统的硬件由工业控制计算机和高集成化智能专用测量板构成。测量板由多个单片微处理器（CPU）组成，采用双路高速 A/D 转换器，具有程控跟踪放大、程控跟踪滤波功能，并能产生模拟主机的信号。在检测过程中，需将相关数据录入电测系统，主要数据包括工件的几何尺寸、校正半径等，将上述数据定标后，只需要经过一次启动运转便能够显示出不平衡量的量值以及相位。目前对智能化动平衡技术的研究是以 PC 为基础，利用高级语言进行开发，推进了相关技术水平的发展。其中德国申克公司的 CAB920 型测量系统是硬支承卧式平衡机高精度通用测量系统，如图 1-4 所示，具有模块化，服务性能好等特点，其测量系统包括测量、分析和显示单元。

图 1-4　德国申克 CAB920 型测量系统

　　集成安装了申克电脑辅助平衡软件的工业 PC 进行数据处理和计算，以及高效、全数字化的测量数据处理，实现了极高的测量精确度，不平衡测量范围达 1∶2000000，转速范围达 100～100000r/min，代表动平衡领域的最高技术水平。

1.3.2　国内研究现状

　　20 世纪 50 年代末期，我国出现了火花式动平衡机，标志着我国平衡技术开始发展，先后出现了闪光动平衡机、矢量瓦特式动平衡机、硬支承动平衡机。现在大部分平衡设备都采用电子测量技术来完成平衡机的测量和控制。为了提高生产效率，平衡更多的零件，相继制造出了自动平衡机和平衡自动线，研发并生产出了曲轴全自动平衡机，推动了我国平衡机技术水平的发展。

20 世纪 60 年代，我国将动平衡技术应用在动平衡检测设备中。1985 年，顾晃、杨建明等提出了影响系数法，该方法先校正转子在转动时质量引起的转动及振动，然后再做动平衡校正。1993 年，贾振波等在允许剩余不平衡量的范围内，将平面上试加的质量作为最小目标，并在此基础上解非线性规划方程，以此总结出了挠性转子影响系数余量平衡法。1994 年，陈心昭、刘正士利用仪器测量出相对系数，再用所得结果代替影响系数，从而减小因直接测量导致的误差，通过上述过程总结出了动平衡相对系数法。1998 年，王晓升为解决转子平衡量过大的问题，从分析估计法中得出了影响系数改进法。

2002 年，张大卫等在求解影响系数的多重解的过程中，采用了遗传算法使平衡配重和剩余振动均减小。陈永明等通过一系列研究分析得出傅里叶级数展开方法，该方法被应用于密封转子系统中，这一方法的提出对于密封转子系统的动平衡的研究很有价值。刘实通过研究提出了低速全息平衡（LSHB），利用该方法解决了转子高速平衡时多次停车的问题。刘实利用自适应神经网络的推理系统以及信息合成技术，并通过二者与新平衡技术的融合得出新的挠性转子现场动平衡方法。廖勇等研究了不平衡转子和轴承系统，并且对其中异性支承刚度进行了分析，发现并弥补了 LSHB 中的不足。徐娟将以格拉布斯准则为基础的异常值处理方法应用于动平衡机的标定过程，结合利用一元线性回归理论总结出影响系数标定法，该方法能够修正误差。张高敏利用逐次逼近的方法对相位进行标定，通过该过程总结出如何分别标定动平衡质量和相位。韩江洪等提出了一种标定模型，该模型能够实现系统误差同步求解，进而完成对影响系数的改进，同时提出能够在标定过程中同时求解出系统误差值的不平衡量标定法，通过此方法修正系统误差。韦文林等对硬支承动平衡机测试系统进行了研究，通过研究分析得出了增加势重来进行递推标定的方法。曹继光等通过研究发现了新的支承结构，并能够利用其来降低由于采用传统的静力学处理方法造成的系统误差。

20 世纪 60 年代，我国仅有 3 个生产平衡机的厂家，且只提供给军工领域。经过半个世纪坚持不懈的努力，我国在动平衡理论研究方面也组建了一支较强的科研队伍。20 世纪 90 年代我国与德国申克公司合作，在此基础上国内动平衡技术水平得到了提高，产品质量有所改善，生产厂家数量也明显增多，代表企业有申联、上海辛克、上海剑平、山夫王、上海诚时、衡仪、上海利动等，国内动平衡检测设备如图 1-5 和图 1-6 所示。

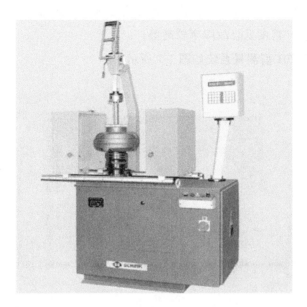

图 1-5　辛克 HVA/B 硬支承立式平衡检测设备

图 1-6　辛克 HVC/O 卧式平衡检测设备

目前国内设备朝高速化、高效化和高精化方向发展，国内企业陆续推出各种基于虚拟仪器的动平衡测量系统，其中上海的 ST1201 型测量系统是以 ARM9 为内核的嵌入式系统，测量速度较快，精度较高，其检测设备已能够满足国内中低端动平衡检测领域的需求。但是我国动平衡设备高端领域例如高速动平衡检测设备与国外相比仍有很大差距，国内设备在高端领域方面的差距主要表现在测量系统的稳定性差、精度低且故障率较高等。

上海的 ST1201 型测量系统如图 1-7 所示。

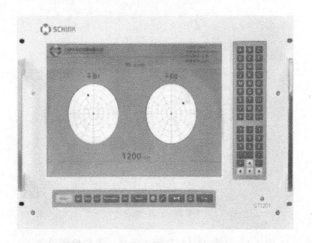

图 1-7   上海辛克 ST1201 型测量系统

该平衡机的测量系统以工业 PC 机为核心，测量系统以 ARM9 为内核的嵌入式系统在 Win CE 操作系统下实现。系统的硬件由工业控制计算机和高集成化智能专用测量板构成。系统具有设置平衡测量参数、补偿、定标、测量、自检的功能，可以实现不平衡量大小、相位、转速的全动态无缝测量，能够实时显示转速、不平衡大小及相位，并能给出校正位置，同时可以打印出相关的参数及测量结果，也可以对一批工件的测量结果进行统计打印，有利于产品分析。

20 世纪 80 年代中期，我国学者开始在微机科技的基础上研发动平衡测量装置，随后又以单片机为基础研发动平衡装置。90 年代，我国动平衡机的技术水平有了很大发展，与国际动平衡技术相对发达的国家的知名企业合作。近年来，我国在动平衡技术水平上取得了相当大的进步，但是相比世界先进水平还是有一定的差距，迄今为止还没有在该领域出现能够被国际认可的知名品牌，在国际市场上也没有完全具有我国知识产权的产品。我国动平衡机生产厂家中相对具有市场竞争力的多为中外合资的企业，其余几乎都是中小型企业。

北京某公司是国内动平衡领域的企业代表之一，该企业开始生产动平衡机已近 30 年，已投入生产的包括 3g～3000kg 等多种型号、多系列的平衡机产品。长春某公司是国内动平衡领域的标杆企业，该企业隶属于中国机械工业集团有限公司，具有很高的行业地位，为国家试验机产品的质量提供监督检验。其动平衡机研究室开创了我国动平衡机生产领域的先河，作为国内最早生产制造动平衡机的单位之一，用了近 40 年的时间完成了多项国家攻关项目。迄今为止，研发生产且投入使用的通用、专用平衡机已经达到 20 多种，其中包括作为国内首创且被一汽投入使用的连杆称重、去重半自动平衡机，刹车鼓、制动盘单面立式自动去重平衡机以及飞轮齿圈单面立式自动去重平衡机。

目前国内的动平衡机生产厂家主要竞争领域为低端市场，仍主要生产单机。少数具有能力生产动平衡去重设备的厂家也无法避免与测量的分离，不能解决集成度不够的问题。国内最大的生产企业位于上海，其产品在国内电动工具市场所占的市场份额高达 90％以上，在电机行业占有率也超过 65％，能够设计生产出转速为 65000r/min 的超速试验机，但其产品仍然无法超越在一次启动下能正确地显示出工件的不平衡量和相位。我国全自动动平衡机的需求基本依靠从国外进口，现在国内投入使用的多工位全自动动平衡机较多来自日本精机、日本国际计测等公司。德国相关产品的技术水平也很高，但由于报价问题，国内很少引进。

近年来，我国在动平衡技术发展领域取得了很大进步，一些单位及学者开展了动平衡测试理论以及测试设备方面的研究，并成效显著。西安交大屈梁生通过研究平衡信息化，进而总结出了全自动平衡技术。浙江大学化机研究所课题组在周保堂的带领下展开了针对现场动平衡技术的研究，并深入研究分析了微速差双转子整机的动平衡。哈尔滨工业大学李顺利研究了精密离心机动平衡问题中静、偶不平衡量的解偶方法，通过研究分析总结出了对应的平衡方法及自动动平衡方案。武汉汽车工业大学郑建彬、李志明对微型转子单面自动动平衡机进行了研究，与此同时也对汽车发动机转子自动钻削动平衡机做了大量分析工作，并应用于实践。

对比国内外动平衡检测设备应用技术，可以发现国内动平衡检测设备应用技术在信号的采集、信号的放大与补偿以及信号的滤波去噪等方面与国外存在差距，因此国内学者们对动平衡检测设备的测量系统进行了详细的设计，对测量系统的信号放大与补偿技术、信号滤波算法等进行了改进优化，以提高设备检测精度和被检测件的检测效率，避免多次去重和复检，实现了良好的经济性。

平衡机各子系统包括：机械支承系统、电气驱动系统以及振动传感器，还包括不平衡量测量解算系统等。在实际应用中，相比各子系统的指标而言，综合性指标更有价值。但如果想使系统设计优化，同时发展新技术和新方法，各子系统的指标也是不可或缺的。

目前国内部分子系统已经发展相对成熟，如机械支承系统、电气驱动系统以及振动传感器等，但利用现代数字信号处理技术提高不平衡信号提取精度的研究还在持续进行中，相关研究尚未建立统一标准的评价体系，研究验证都是在研究者自定、自选的数据样本的基础上进行的，无法评价优劣、对错，不能实现相关技术水平的快速发展。各技术领域，例如机械工程、电气工程、振动工程、数字信号处理以及相关的计算机科学和信息技术领域，都在利用建立一套相对完善的样本数据库，以统一尺度和标准来验证研究结果，评判算法的好坏，如 MIT-BIH 数据库、图形库、ISO/TC213、软件等，都是在模拟物理信号的数据样本的基础上来完成对应的测量软件和算法的验证。基准仿真信号是通过模拟不同特征的平衡机振动信号建立起来的，用以检验和评价不平衡信号提取算法的样本库。

由于动平衡测量系统具有复杂性和特异性，所以需要建立多组仿真信号；由于诸多干扰因素和影响因素的存在，故这些仿真信号要具有相应的单独特性和组合特性，还要得出在不同条件下各种类型平衡机的振动信号功率谱分布，同时生成各种类型平衡机在相应工作条件下的动平衡振动的仿真信号，在此基础上完成不平衡信号提取方法以及平衡机电测系统的验证工作。传感器提取的平衡机振动信号包括具备固定频率的线谱和其他随机信号成分，当平衡机工作条件发生改变时，线谱成分的频率也会发生改变。当平衡机的固定、支承方式改变时，其随机成分也会不同。信号提取通过生成与振动信号相同功率谱分布的随机信号序列来完成仿真过程。平衡机振动信号是在特定条件下，具有特定的功率谱分布的随机信号，目前对于平衡机振动信号的功率谱仿真的相关研究还几乎是空白。

有学者通过研究分析，总结了产生任意幅值分布的随机信号的合成方法转换公式，同时利用实验对研究结果进行了验证。也有研究者通过实验得到了地震波的仿真信号，并将其投入实际应用中，作为地震振动台驱动信号。还有研究者按照相应的功率谱分布，利用叠加优化法，进而生成了所要求的随机信号。上述方法只能生成某一类型的随机信号，不具备实现生成不同参数下仿真信号的能力。有些学者在白噪声数字高阶滤波上应用了超高斯伪随机振动信号的方法，在分段线性近似原理拟合判决模型的基础上优化了生成高斯白噪声的效率，在满足功率谱分布要求的情况下生成随机信号序列，信号的随机性和分布对结果影响很大，无法生成同一类型的不同参数下的振动信号。在通信系统中生成随机信号序列的方法不能直接运用到不平衡信号的仿真中。

随机信号的生成方法和平衡机振动信号的仿真对比存在很多差异，但也有相同之处。为了生成逼真的白噪声信号，单纯白噪声的生成一定要满足白噪声在各阶的分布特性。然而用于各种振动平台的随机信号序列主要是数字序列，这些数字序列不具有典型的信号特征。平衡机振动信号需要能够仿真出不同的信噪比和不同频率的振动信号。这些仿真的数字序列和振动信号为动平衡机的振动信号的检测提供了新的方法。

综合上述分析，国内动平衡技术与国外存在很大差距，例如无法消除机械传动引起的振动问题等。因此，本研究将悬浮技术和多传感器数据融合技术应用在动平衡领域中，开展动平衡的理论与实验研究，有助于提高我国动平衡行业的发展速度，提高我国动平衡设备的性能，加快工业化发展。

1.3.3　当前存在的问题和不足

国外在动平衡检测设备研究开发中成绩显著，而我国当前对该领域的研究还基本停留在中低端产品上，虽然在动平衡检测设备研究上取得了一定突破，但是在新技术领域中研究投入少，还无法突破传统体系，具体表现如下。

（1）机械传动导致的平衡检测精度低的问题

目前在设计中往往采用经验、传统的设计方法，缺乏新技术理论和设计方法的创新，由机械传动引起的振动导致平衡机检测精度低。

（2）传感器采集的振动信号存在不确定性问题

目前平衡机采集的振动信号往往不完善，带有较大的不确定性，甚至有时由于外界干扰，会出现采集信号错误等现象，这对平衡机的检测精度造成了很大影响。

1.4
本书的研究内容与研究思路

1.4.1　主要研究内容

本书采用仿生学原理，并基于多传感器数据融合技术，以盘形旋转工件的动平衡问题为研究对象,在对国内动平衡关键技术研究的基础上,将理论成果应用于动平衡检测试验台中,解决盘形工件动平衡机结构设计与研究、动平衡特征信号提取等技术难题,并为开发平衡机验证提出理论的可行性。具体研究内容如下。

（1）盘形旋转工件不平衡特性理论与平衡误差分析

盘形旋转工件包括车轮、齿轮、轴承、飞轮等。它们通常由金属、塑料或其他材料制成,它们的几何形状和尺寸可以根据特定的要求进行定制。盘形旋转工件通常是高精度加工的重要零部件,因为它们需要在高速旋转和承受大量负荷的情况下保持平衡和稳定性。

在盘形旋转机械中,由于制作工艺、装配、工作转速、工件形状等原因,转子可能产生质心不平衡,并会引起转子系统的振动,因此需要对平衡转子进行平衡理论研究与平衡检测误差分析。

（2）盘形旋转工件动平衡检测平台结构设计与研究

基于现有的动平衡检测设备的理论基础,对动平衡检测设备进行研究,采用仿生学原理与气悬浮技术相结合的方法,实现减少动平衡检测设备本身带有的振动干扰信号,同时能提高动平衡检测设备的检测精度。

（3）盘形旋转工件动平衡特征信号提取与处理方法研究

基于建立的旋转工件动态特性模型,通过传感器获取相关特征信号,并对相关特征信号进行提取,然后采用小波算法对其特征信号进行去噪处理,确保去掉干扰信号,防止干扰信号影响最后的测量精度。针对传感器故障导致测量结果不准确的情况,研究多传感器数据融合的方法,实现对故障传感器数据的屏蔽,对多传感器数据进行融合,保证传感器测量数据的可靠性和准确性,从而实现对动平衡信号的特征提取。

（4）盘形旋转工件动平衡方法应用研究

应用以上的研究成果以盘形旋转工件汽车刹车片为例,开发动平衡检测试验台,设计开发相应的台架、测量、平衡处理系统,验证本研究提出方法的有效性,同时为多级盘状、柱状等转子动平衡相关问题研究提供了参考。

1.4.2 研究思路

本研究理论与实际的紧密结合,将仿生学原理、机械结构设计、计算机信号处理等多个学科紧密相连。一方面，对有关平衡机的关键共性技术全面掌握并进行分析。另一方面，研制的气悬浮动平衡检测试验台属于一种复杂精密设备，在研制中既要保证系统的先进性，同时又要考虑其检测精度。

① 本研究提出了气悬浮动平衡检测平台的测量原理。为了降低气悬浮动平衡检测平台工作时，由空气阻尼对平台精度产生的影响，对空气阻尼产生的误差进行了理论分析。

② 为了提高气悬浮动平衡检测平台的悬浮升力，节约工作时所需气压，本研究采用仿生长耳鸮翅膀表面结构，设计了气悬浮动平衡检测平台。

③ 本研究提出了 3σ 准则阈值去噪法和粒子群优化 BP 神经网络数据融合算法，并应用在气悬浮动平衡检测平台上，提高了平台上传感器采集信号的去噪效果和数据融合精度，进而提高了气悬浮动平衡检测平台的检测精度。

④ 本研究基于上述理论和方法搭建了气悬浮动平衡检测平台，验证了理论的可行性。

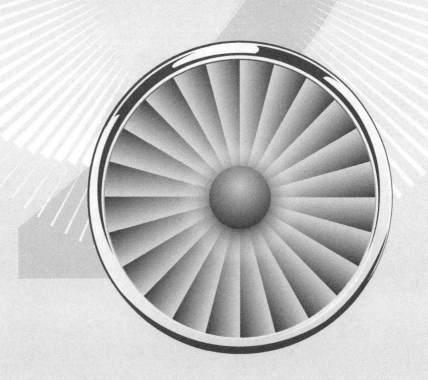

第2章
动平衡理论研究与误差分析

2.1
引言

　　动平衡检测是根据测量转子在旋转状态由离心力产生的不平衡量，根据平衡转子与不平衡量之间的线性关系，计算出不平衡量的位置和大小。但在动平衡检测中也存在误差，因此对动平衡理论的研究与平衡检测误差分析对提高动平衡检测有着重要的意义。

2.2
动平衡测量特性分析

　　动平衡测量特性分析是一种用于检测旋转机械不平衡的方法。在动平衡测量中，通过测量旋转机械在不同转速下的振动信号，可以得到机械不平衡的信息。

　　特性分析是对这些测量数据进行分析和处理的过程。这种分析可以揭示机械不平衡的频率特性和振幅特性，帮助工程师确定如何进行动平衡校正，以减少或消除机械不平衡所导致的振动和噪声。在特性分析中，常见的方法包括频谱分析、阶次分析、振动响应分析等。这些方法可以帮助工程师识别机械不平衡的主要频率和振幅，进而确定动平衡校正所需的校正重量和位置。

　　总的来说，动平衡测量特性分析是一种非常重要的工具，它可以帮助工程师确定机械不平衡的原因，进而采取相应的措施来消除这种问题，从而提高机械设备的性能和可靠性。

　　在旋转机械中，假如转子的质量处于均匀分布，同时满足生产和安装要求，则操作顺畅。当转子处于理想状态时，其所受的压力只有重力，即转子不做旋转时只受静压力作用。将旋转与不旋转时只受静压力作用的转子叫作平衡转子。如果转子在旋转时除受静压力外还有其他的作用力，则叫作不平衡转子。当转子在不平衡的情况下进行旋转时，额外的动压力会导致机器振动，产生噪声，加剧机器磨损，缩短机器正常使用寿命，并造成严重事故。

　　根据牛顿运动定律可知，当物体处于恒定速度旋转状态时，其所有质点均会产生离心惯性力，如图 2-1 所示。

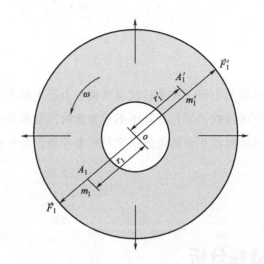

图 2-1   角速度为 ω 的转子离心惯性力

ω—恒定速度旋转下的角速度；m_1—转子质量；$\vec{F}_1$—旋转产生的离心力

如果转子以恒定角速度 ω 旋转，其逆时针旋转方向为正方向，取质量为 m_1 的质点 A_1，产生离心力为 F_1，矢量表示为 $\vec{F}_1$，如果从 A_1 点到旋转轴 o 的距离为 r_1，则 $F_1 = m_1 r_1 \omega^2$，以矢量形式表示为：

$$\vec{F}_1 = m_1 r_1 \omega^2 \tag{2-1}$$

式中 ω——恒定速度旋转下的角速度，rad/s；

r_1——从 A_1 点到旋转轴 o 的距离，m；

m_1——转子质量，kg；

$\vec{F}_1$——旋转产生的离心力，N。

转子中的离心力作用在盘形转子的惯性力系中，形成转子的动压力。如果盘形转子的质量分布是对称的，则在 A_1 点处产生的离心力 $F_1 = m_1 r_1 \omega^2$ 一定有一个对称质点 A_1'，质量为 m_1'，同时产生一个离心力 $F_1' = m_1' r_1' \omega^2$，离心力 F_1 与 F_1' 具有大小相等、方向相反的特点，且作用于同一直线上，所以离心力 F_1 与 F_1' 能够相互抵消，在盘形转子上的动压力为零，进而使盘形转子受力处于一种平衡状态。由于这种对称性，整个转子中的多个质点形成的惯性力系统属于平衡力系。

加速度为 ε 的转子离心惯性力如图 2-2 所示。

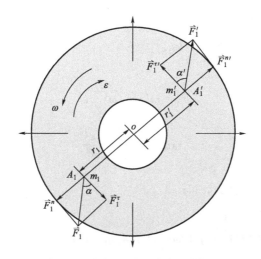

图 2-2　加速度为 ε 的转子离心惯性力

$\vec{F}_1^{\tau\prime}$—切向惯性力矢量表示；$\vec{F}_1^{\prime}$—合力的矢量表示；

$\alpha^{\prime}$—离心惯性力与切向惯性力夹角

假设转子按一定的角加速度 ε 做变速运动，从图 2-2 可知，在质点 A_1 处的惯性力为：

$$F_1^n = m_1 r_1 \omega^2 \text{（离心方向）} \tag{2-2}$$

$$F_1^{\tau} = m_1 r_1 \varepsilon \text{（切向方向，指向与 } \varepsilon \text{ 相反）} \tag{2-3}$$

以矢量形式表示转子所受的合力：

$$\vec{F}_1 = \vec{F}_1^n + \vec{F}_1^{\tau} \tag{2-4}$$

式中　F_1^n——质量为 m_1 的质点 A_1 所受离心惯性力，N；

　　　$\vec{F}_1^n$——离心惯性力的矢量表示，N；

　　　F_1^{τ}——切向惯性力，N；

　　　$\vec{F}_1^{\tau}$——切向惯性力矢量表示，N；

　　　$\vec{F}_1$——合力矢量表示，N；

　　　r_1——质点 A_1 到旋转轴 o 的距离，m；

　　　ε——角加速度，rad/s^2。

由式(2-2)～式(2-4) 得：

$$F_1 = m_1^{\prime} r_1^{\prime} \sqrt{\omega^4 + \varepsilon^2} \tag{2-5}$$

$$\tan\alpha = \frac{F_1^{\tau}}{F_1^n} = \frac{|\varepsilon|}{\omega^2} \tag{2-6}$$

式中　$r_1^{\prime}$——质点 $A_1^{\prime}$ 到旋转轴 o 的距离，m；

α——离心惯性力与切向惯性力夹角，(°)；

m_1'——质点 A_1' 的质量，kg。

A_1' 处的惯性力为：

$$F_1' = m_1' r_1' \sqrt{\omega^4 + \varepsilon^2} \tag{2-7}$$

$$\tan\alpha' = \frac{F_1^{\tau'}}{F_1^{n'}} = \frac{|\varepsilon|}{\omega^2} \tag{2-8}$$

式中 $F_1^{n'}$——离心惯性力，N；

F_1'——合力，N；

α'——离心惯性力与切向惯性力夹角，(°)。

当转子做变速旋转时，两个对称点所产生的惯性力 F_1 与 F_1' 无法相互抵消，此时二者形成一对力偶，其转向和 ε 相对耦合，并且耦合作用面与旋转轴是垂直的。整个转子存在许多这样成对的大小相等、方向相反、可以相互抵消的力偶，因此转子不能够产生动压力，所以只要转动轴是转子的对称轴，转子恒速或者变速旋转都不产生影响，转子都是平衡转子。

2.3
转子不平衡分类

转子不平衡是指转子轴线不在旋转轴线上的情况，它是导致旋转机械振动和噪声的主要原因之一。根据转子不平衡的程度和位置，可以将其分为以下几类。

（1）静态不平衡

转子的质量分布不均匀，导致在任何一个位置上，转子都有一个固定的不平衡量。在旋转过程中，静态不平衡力的大小和方向都是不变的，因此可以通过单次平衡来解决。

（2）动态不平衡

转子的质量分布不仅不均匀，而且它的重心也不在转轴上。在旋转过程中，动态不平衡会导致转子产生往复振动，并且振动频率通常是旋转频率的倍数。动态不平衡力的大小和方向都是变化的，因此需要通过多次平衡来解决。

（3）滚动不平衡

转子的不平衡是沿着其长度方向并产生滚动力矩，导致转子的端面运动呈现滚动状况。滚动不平衡通常由轴承损坏、轴承座松动或轴向游隙过大等原因造成。

（4）偏心不平衡

转子的重心偏离轴线，导致在旋转过程中产生径向力矩。这种不平衡通常由轴承损坏或者轴向游隙过大造成。

（5）不均匀变形不平衡

转子在旋转过程中由温度、应力等因素引起变形不均匀而产生不平衡。这种情况通常需要通过重新设计转子结构或者改进制造工艺来解决。

以上是转子不平衡的几种分类，不同类型的不平衡需要采用不同的解决方案来进行平衡处理，以确保旋转机械的正常运行和长期稳定性。

盘形旋转工件在做高速旋转运动时，不会随着旋转工件发生形变，属于刚性转子。不平衡刚性转子如图 2-3 所示。

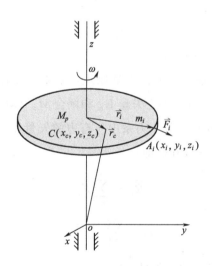

图 2-3　不平衡刚性转子

$\vec{r}_c$—质心对旋转轴的矢径

设转子质量为 M_p，角速度为 ω，绕中心旋转轴做旋转，从旋转轴上任意取一点 o 设为原点坐标，旋转轴为 z 轴，做出 ox 轴和 oy 轴，质心坐标为 $C(x_c, y_c, z_c)$。

质心对旋转轴的矢径为：

$$\vec{r}_c = x_c \vec{i} + y_c \vec{j} + z_c \vec{k} \tag{2-9}$$

式中　$\vec{r}_c$——质心对旋转轴的矢径，m；

$\vec{i}$，$\vec{j}$，$\vec{k}$——沿坐标轴方向的单位矢量。

同理，在转子中任意取一点质量为 m_i 的质点 A_i，其坐标为 $A_i(x_i, y_i, z_i)$，对旋转轴的矢径为 $\vec{r}_i$：

$$\vec{r}_i = x_i \vec{i} + y_i \vec{j} + z_i \vec{k} \tag{2-10}$$

当盘形转子以角速度 ω 进行旋转运动时，质点 A_i 产生的离心力 $F_i = m_i r_i \omega^2$，其方向为离心力方向，同时也是矢径 r_i 的方向，矢量表达式为：

$$\vec{F}_i = m_i \vec{r}_i \omega^2 = m_i \omega^2 (x_i \vec{i} + y_i \vec{j} + z_i \vec{k}) \tag{2-11}$$

在 x 轴上的投影为：

$$F_{ix} = m_i \omega^2 x_i \tag{2-12}$$

在 y 轴上的投影为：

$$F_{iy} = m_i \omega^2 y_i \tag{2-13}$$

在 z 轴上的投影为：

$$F_{iz} = 0 \tag{2-14}$$

式中，$i = 1, 2, 3, \cdots, n$。

这些力形成惯性力系统。根据力学原理，如果将惯性力系统简化为原点 o（o 点称为简化中心），则可获得主矢量 $\vec{R}_o$ 和耦合 $\vec{M}_o$。（$\vec{M}_o$ 称为力系统简化的主矩）。该主矢量作用于 o 点，等于力系中所有力的矢量和，主力矩等于力系的所有力与 o 点力矩矢量的矢量和，即：

$$\vec{R}_o = \sum_{i=1}^{n} \vec{F}_i \tag{2-15}$$

$$\vec{M}_o = \sum_{i=1}^{n} m_o(\vec{F}_i) \tag{2-16}$$

式中　$\vec{R}_o$——作用于点 o 的主矢量，N；

$\vec{M}_o$——物体受到的合力矩向量，N·m。

将式(2-11)代入式(2-15)中，得：

$$\vec{R}_o = \sum_{i=1}^{n} m_i \omega^2 (x_i \vec{i} + y_i \vec{j}) = \omega^2 \vec{i} \sum_{i=1}^{n} m_i x_i + \omega^2 \vec{j} \sum_{i=1}^{n} m_i y_i$$

$$= \omega^2 \vec{i} M x_c + \omega^2 \vec{j} M y_c = \omega^2 M (x_i \vec{i} + y_i \vec{j} + z_i \vec{k}) = M \omega^2 \vec{r}_c$$

解得：

$$R_0 = Mr_c\omega^2 \tag{2-17}$$

将式(2-11) 代入式(2-16) 得：

$$\vec{M}_o = \sum_{i=1}^{n} m_o(\vec{F}_i) = M_x\vec{i} + M_y\vec{j} + M_z\vec{k} \tag{2-18}$$

式中，M_x、M_y、M_z 为主矩 M_o 在坐标轴上的投影，其大小等于力系所有力对轴距之和。

$$M_x = \sum m_x(\vec{F}_i) = \sum(y_iF_{iz} - z_iF_{iy}) = 0 - \sum z_i m_i \omega^2 y_i$$
$$= -\sum z_i m_i \omega^2 y_i = -\omega^2 y_z \tag{2-19}$$

式中　$\sum m_x(\vec{F}_i)$——向量 $\vec{F}_i$ 在 x 轴上的分量；

$\quad\quad F_{iz}$——向量 $\vec{F}_i$ 在 z 轴上的分量；

$\quad\quad y_i,\ z_i$——与向量 $\vec{F}_i$ 相关的常数或系数；

$\quad\quad F_{iy}$——向量 $\vec{F}_i$ 在 y 轴上的分量；

$\quad\quad m_x$——与 x 轴有关的某种权重或距离；

$\quad\quad m_i$——质量系数；

$\quad\quad y_z$——力矩在三维空间中的某个特定分量，是力矩关于 y 和 z 轴坐标的乘积。

式(2-19) 为一个向量的叉积的分量之和，对于一系列向量 $\vec{F}_i$，将它们在 y 轴和 z 轴上的分量相乘（y_iF_{iz} 和 z_iF_{iy}），然后将这些乘积相加，用来计算一个向量场中某种特定方向上的总效果或总力。同理得：

$$M_y = \omega^2 J_{zx} \tag{2-20}$$

① 定义角速度 ω，这是一个矢量，通常表示为 $\omega = \omega_y y$，其中 ω_y 是绕 y 轴的角速度。

② 定义角动量矩阵 L，它是角速度和转动惯量的乘积。

$$L = I\omega$$

式中　I——刚体绕其质心的转动惯量。

③ 考虑 x 轴和 z 轴上的转动惯量分量，这些分量可以表示为 J_x 和 J_z，这是惯性矩阵 I 的元素。

$$J_x = I_x x$$
$$J_z = I_z z$$

④ 想要找到绕 y 轴的角动量分量 L_y，可以通过角动量矩阵的分量得到：

$$L_y = (I\omega) \cdot y = I \cdot (\omega y)$$

注意，这里的 "·" 表示矩阵的点积，而 y 是 y 轴的单位矢量。

⑤ 将角动量分量 L_y 表示为 M_y，即绕 y 轴的扭矩：

$$M_y = I \cdot (\omega y)$$

⑥ 将角速度 ω 表示为标量 ω_y 乘以 y 轴的单位矢量 y：

$$M_y = I \cdot (\omega_y y)$$

⑦ 考虑到角速度 ω_y 是绕 y 轴的，可以将其表示为 $\omega_y = \omega$：

$$M_y = I \cdot (\omega y)$$

⑧ 将 I 乘以 ω^2 得到 M_y 的最终表达式：

$$M_y = \omega^2 I y$$

推导出：

$$M_y = \omega^2 J_{zx}$$

式中　ω——角速度；

J_{zx}——与 z 轴和 x 轴的转动惯量相关的矩阵元素。

这个公式描述了绕 y 轴旋转的刚体所受的扭矩。

$$M_z = \sum m_i (\vec{F}_i) = 0 (\vec{F}_i \text{ 通过 } z \text{ 轴}) \tag{2-21}$$

$J_{yz} = \sum m_i y_i z_i$ 和 $J_{zx} = \sum m_i y_i z_i$ 分别是转子相对 x 轴与 y 轴的离心转动惯量。即主矩为：

$$M_o = \sqrt{M_x^2 + M_y^2 + M_z^2} = \omega^2 \sqrt{J_{yz}^2 + J_{zx}^2} \tag{2-22}$$

所以，在转子所受的惯性力中，向任意一点简化都能得到一个力（$R_o = Mr_c\omega^2$）和一个力偶（$M_o = \omega^2 \sqrt{J_{yz}^2 + J_{zx}^2}$）。

当转子旋转时，其主矢量的方向和主力矩均会发生改变，该矢量随转子旋转，旋转的同时激发轴承振动。因此转子平衡的充分必要条件是简化的主矢量和惯性力系统的主力矩在任何点都是 0。即：

$$\begin{cases} R_o = Mr_c\omega^2 = 0 \\ M_o = \omega^2 \sqrt{J_{yz}^2 + J_{zx}^2} \end{cases} \tag{2-23}$$

由 $R_o \neq 0$ 得 $r_c = 0$，则旋转轴通过质心。由 $M_o = 0$ 得 $J_{yz} = J_{zx} = 0$，此时的旋转轴称为惯性主轴，通过质心的惯性轴称为中心惯性主轴。

根据转子力系简化结果，不平衡情况分为 3 种。

（1）主矢不为零，主矩为零（$R_o \neq 0$，$M_o = 0$）

静不平衡如图 2-4 所示。

主矢量 R_o 是惯性力系统的合力，通过质心 C，$R_o = Mr_c\omega^2 \neq 0$，$r_c \neq 0$，旋转轴 z 轴平行于中心惯性主轴。此种平衡相当于把不平衡质量 m 加在质量为 M、

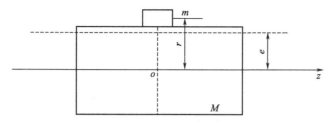

图 2-4　静不平衡示意

半径为 r 的平衡转面上。转子的新重心处在原始重心所在的平面内，距离原始重心为 e（$e=\dfrac{mr}{M}$ 为偏心距离），新重心惯性主轴与旋转轴保持平行。因此惯性力被简化为通过质心的合力的不平衡。

（2）主矢为零，主矩不为零（$R_o=0$，$M_o\neq0$）

偶不平衡如图 2-5 所示。

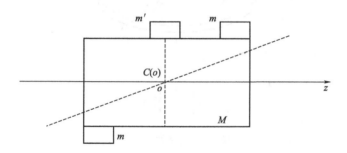

图 2-5　偶不平衡示意

$R_o=Mr_c\omega^2=0$，$r_c=0$ 表示旋转轴通过质心。$M_o\neq0$，$J_{yz}\neq0$，$J_{zx}\neq0$，即惯性力系统合成一个力偶，中心惯性轴与转动轴线相交为 α' 角，且通过质心 C，因此，不平衡量为力偶的不平衡。

（3）主矢不为零，主矩不为零（$R_o\neq0$，$M_o\neq0$）

动不平衡如图 2-6 所示，为最常见的不平衡现象之一，相当于静不平衡和偶不平衡的组合。

此种转子的旋转轴和转子的中心惯性轴既不平行，也不相互交叉，这种不平衡不能进一步简化。

有一个偏心薄盘转子，质量 $M_盘$，重心 c，旋转轴 o 轴，偏心距离 $oc=e$，如图 2-7 所示。

当转子围绕固定轴以等角速度 ω 旋转时，离心惯性力为 $\vec{F}$（$F=M_盘e\omega^2$），

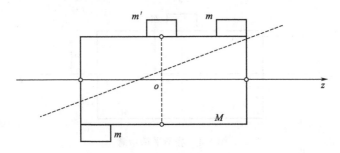

图 2-6　动不平衡示意

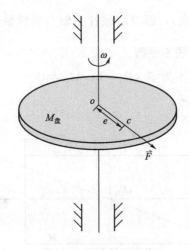

图 2-7　平衡转子示意

这种惯性力不可避免地会引起轴承的动压力，因此转子是不平衡的。由于惯性力随 ω 变化，转子不平衡量是转子本身质量分布的物理量，是不受外部转速影响的，所以不能用惯性力的大小来表示转子的不平衡。

如果要平衡转子，只需要在 oc 的反方向，半径为 r' 处增加平衡质量 m'，这样转子产生的惯性力 $F' = m'r'\omega^2$ 就等于原来的惯性力 F，且方向相反，转子可以达到平衡。

$$M_{盘}e = m'r' \tag{2-24}$$

式中　r'——半径，m；

　　　m'——平衡质量，kg。

从式（2-24）可以看出，$M_{盘}e$ 表示转子的不平衡量，只要在重心的反方向，距离旋转轴 r' 处添加质量 m'，就能够满足上述的平衡方程，即转子为平衡转子。其中 r' 和 m' 成反比。通常，两者的乘积用于表示转子的不平衡量，称为重径积，常用的单位是 g·mm。如果需要知道转子不平衡的程度，则不使用重径积，这是因为重径积不能计算出不平衡量。因此，不平衡率以另一种方式表示转子的不平衡度，其被定义为转子的单位重量的不平衡量。

$$e = \frac{m'r'}{M_{盘}} \tag{2-25}$$

式中　e——转子的不平衡率，g·mm/g。

从式(2-25)可以看出，对于盘形转子，偏心距可以表示为不平衡率，表示的不平衡率与转子的重量无关，并且是绝对量。重径积表示的不平衡量与转子的重量有关，且是一个相对量。不平衡率 e 通常以 g·mm/kg 或 g·μm/kg 表示。因此，用不平衡率可以衡量一个转子平衡的程度，或者衡量动平衡检测装置的平衡测量精度。

2.4
盘式转子动平衡测量基本原理

任何一个物体在旋转时，其本身都有无数个质点产生离心惯性力，它们组成一个离心惯性力系作用在转子中。假设刚性转子以角速度 ω 绕 z 轴旋转，在 z 轴上任取一点为原点坐标。将离心惯性力系简化，转子所受合力为 $\vec{F}_{合}$、转子所受合力矩为 $\vec{r}_{合}$，其表达式为：

$$\begin{cases} \vec{F}_{合} = \omega^2 M_{合} \vec{r}_{合} \\ \vec{r}_{合} = \omega^2 \vec{k} (I_{zx} \vec{i} + I_{yz} \vec{j}) \end{cases} \tag{2-26}$$

式中　$M_{合}$——转子质量，kg；

　　　$\vec{F}_{合}$——转子所受合力，N；

　　　$\vec{r}_{合}$——转子所受合力矩，N·m；

　　　I_{zx}——转子对 zx 轴的惯性积；

　　　I_{yz}——转子对 yz 轴的惯性积；

$\vec{i}$，$\vec{j}$，$\vec{k}$——分别为各坐标轴上的单位矢量。

由上式可知，$\vec{F}_{合}$、$\vec{r}_{合}$ 随着旋转而改变其方向，因此对转子施加载荷是产生机械振动的根源。动平衡的目的是在转子上、下两个校正面添加或者去除适当的质量，使 $\vec{F}_合$ 和 $\vec{r}_合$ 为零，让转子达到平衡状态。

对于刚性转子，转子的质量分布与转速无关，将转子沿着轴向分布能够得到一个不平衡量 $U_合$ 和力矩 $V_合$，$U_合$ 能够使转子产生质心偏移，$V_合$ 能够使转子产生惯性积 I_{zx} 和 I_{yz}。

式（2-26）可表示为：

$$\begin{cases} \vec{F}_合 = \omega^2 U_合 \\ \vec{r}_合 = \omega^2 V_合 \end{cases} \tag{2-27}$$

因而可以得出：

$$\begin{cases} U_合 = M_合 \vec{e} \\ V_合 = \vec{k}(I_{zx}\vec{i} + I_{yz}\vec{j}) \end{cases} \tag{2-28}$$

令：

$$V_合 = \vec{k}V' \tag{2-29}$$

则：

$$V' = I_{zx}\vec{i} + I_{yz}\vec{j} \tag{2-30}$$

由上式可知，$U_合$ 与原点的位置无关，而 V' 的数值和方向随原点的位置发生变化。如果 $U_合$ 为零，则 V' 不随原点的位置变化而变化。在回转轴上存在一点 z_c，其对应的 V'_a 值最小。当 V' 和 $U_合$ 方向一致时，则：

$$z_c = \frac{|V'|\cos\varphi}{|U_合|} \tag{2-31}$$

式中 φ——V' 与 $U_合$ 的夹角；

$|V'|$——V' 的模；

$|U_合|$——$U_合$ 的模。

设转子 z_1 和 z_2 位置的不平衡量分别为 U_1 和 U_2，则：

$$\begin{cases} U_合 = U_1 + U_2 \\ V' = z_1 U_1 + z_2 U_2 \end{cases} \tag{2-32}$$

将点 z_c 作为不平衡的中心轴位置，可得：

$$\begin{aligned} V'_a &= V' - z_c U_合 \\ &= (z_1 U_1 + z_2 U_2) - z_c(U_1 + U_2) \end{aligned} \tag{2-33}$$

假定 U_1 和 U_2 方向相同，则存在使 V'_a 为零的点 z_c，即：

$$z_c = \frac{z_1 U_1 + z_2 U_2}{U_1 + U_2} \tag{2-34}$$

如果 $U_1 = U_2$，则：

$$z_c = \frac{z_1 + z_2}{2} \tag{2-35}$$

即 z_1 和 z_2 的中点就是中心轴的位置。如果 U_1 和 $-U_2$ 相等，则：

$$V' = (z_1 - z_2) U_1 \tag{2-36}$$

由上式可知，V' 只与不平衡间的距离有关，与原点位置无关。

沿轴向取一点 z_3，在该点去除不平衡量 $U_合$，即加上 $-U_1$ 和 $-U_2$。此时转子的两对不平衡量分别为 $(U_1, -U_1)$ 和 $(U_2, -U_2)$，在 z_1 和 z_2 两点处合成一对不平衡量 $(U_c, -U_c)$，可知：

$$U_c = \frac{V' - z_3 U}{z_2 - z_1} \tag{2-37}$$

由上式可知，校正面距离越大，U_c 越小。假设 $z_3 = z_c$，则 $|U_c|$ 的模最小，并且 U_c 与 U 相互垂直。

2.5
盘式转子气悬浮动平衡测量基本原理

气悬浮动平衡测量装置如图 2-8 所示。

气体作用在悬浮盘的底面，使悬浮盘处于悬浮状态，气体喷嘴呈水平分布，其喷出气体使悬浮盘匀速转动，位移传感器通过上述过程测量出悬浮盘的偏向位移量。

悬浮盘在水平分布的喷嘴喷出的气流作用下匀速转动，由于悬浮盘下方受多孔气流作用，所以悬浮盘能够呈现稳定悬浮状态。假设多孔喷气面为测量基准面，悬浮盘下端的中心轴与多孔喷气面垂直，在理想状态下，测量基准面处于水平位置。由力学平衡原理可知，如果悬浮盘存在静不平衡量，测量基准面会相对水平面位置发生偏离。通过三个相隔 90° 的位移传感器来对水平偏移量进行测量，在已知悬浮盘的质量、质心以及位移传感器测量的数据时，建立偏移量与静不平衡量二者之间的线性关系，进而利用其计算出所需的静不平衡量。

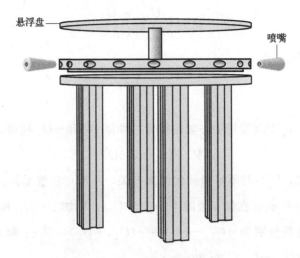

图 2-8　气悬浮动平衡测量装置

　　当悬浮盘存在偶不平衡量的情况时，转子在转动时会产生离心力偶，最终导致测量基准面相对水平面位置发生偏离。由于静不平衡量此时已经过校正，因此偶不平衡量是造成基准面发生位移偏移的原因。位移传感器采集的数据经过数据处理后，可以得到偏移量的初始相位和幅值。在已知悬浮盘的质量、质心、位移传感器测量的数据时，通过建立位移偏移量与偶不平衡量之间的线性关系，从而计算出偶不平衡量。

　　当悬浮盘经过校正后，动不平衡量近似为零。转子位于悬浮盘盘面上，二者无间隙，转子轴线同悬浮盘的轴线相互重合。当转子在稳定悬浮状态时，存在三个转动自由度，由于不平衡量对转子的作用，水平面会沿任意方向产生偏移。转子固定在悬浮盘上，水平均匀分布的气嘴喷出的气流能使悬浮盘匀速旋转，进而使转子转速更加恒定。转子发生位移偏移后，利用高精度位移传感器对放大 50 倍后的偏移量进行检测。由于气悬浮动平衡测量装置具备上述特点，因此可以使转子动平衡的检测精度增强。

2.5.1　盘式转子与静不平衡量之间的关系

　　基准面的静不平衡量与偏移量的关系如图 2-9 所示。

　　经过静不平衡量所处的空间位置点与轴线构成平面，由力学平衡原理可知，平面中静不平衡量、转子以及悬浮盘质量三者相对于轴心形成力矩平衡。悬浮盘

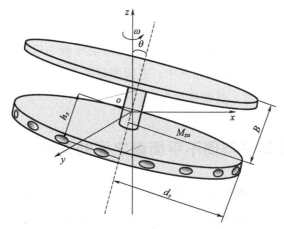

图 2-9　静不平衡量与偏移量的关系

d_s—位移传感器与转子轴心之间的距离；M_{zu}—转子与悬浮盘质量；

h_s—从悬浮盘下端面轴心到转子与悬浮盘合成的质心的距离；

ω—角速度；B—两校正面距离

底面所受的气体压力与转子和悬浮盘重力相平衡，静不平衡量相对于悬浮盘轴心的重力矩与转子和悬浮盘轴心产生的重力矩相平衡。在已知转子和悬浮盘的质量以及轴向质心位置的前提下，测量出悬浮盘相对于测量基准面的偏移量，从而能够求得静不平衡量，即为气悬浮静平衡的测量原理。

若转子在静止状态下，无外力干扰，同时悬浮盘静不平衡量已被校正，则转子静不平衡量是导致产生测量基准面上的位移偏移量的原因。已知转子与悬浮盘质量为 M_{zu}，轴向质心为 o，从悬浮盘下端面轴心到转子与悬浮盘合成的质心的距离为 h_s，位移传感器与转子轴心之间的距离为 d_s，将相隔 90°的位移传感器所测量位移偏移量设为 V_1、V_2，经过计算能够得到位移偏移最大处的数值 V_s 以及相位 ϕ_s。

$$V_s = \sqrt{V_1^2 + V_2^2} \tag{2-38}$$

$$\phi_s = \arccos\left(\frac{V_1}{V_s}\right) \tag{2-39}$$

式中　ϕ_s——偏移处相位。

$\lambda_s = d_s / h_s$ 为位移比例系数，它能够使质心相对于轴心的偏心量放大。转子的静不平衡量为 U_s，其表达式为：

$$U_s = \frac{M_{zu} V_s}{\lambda_s} \tag{2-40}$$

式中 M_{zu}——转子与悬浮盘质量，kg；

V_s——位移偏移最大处的数值。

由上式可知，λ_s 越大，U_s 越小，可以有效地将很小的偏移量进行放大，同时可以被传感器捕获到偏移量数据中，进而明显提高 U_s 的测量精度。按照公式 (2-40) 校正静不衡量后，其偏移量为零。

2.5.2 盘式转子与偶不平衡量之间的关系

若转子仅有偶不平衡量 U_c，且过偶不平衡量所处空间的所有点和轴线构成一个平面，由 U_c 产生的离心耦合力矩和转子质心相对于轴线的重力矩在该平面中达到了力矩平衡。当已知转子和悬浮盘的质量和轴向质心时，能够通过测量悬浮盘底部的倾斜度来计算偶不平衡量，即为气悬浮偶不平衡量测量的原理。

悬浮盘与转子以角速度 ω 旋转，位移偏移量为余弦信号，其方向角为 θ。不平衡量表达式为：

$$U_c = \frac{M_{zu} V_c g}{\omega^2 B \lambda_s} \tag{2-41}$$

$$\theta = \phi_c + \frac{\pi}{2}$$

式中 g——重力加速度，m/s²；

B——两校正面距离，m；

ϕ_c——初相位；

V_c——振幅值；

U_c——偶不平衡量。

2.5.3 双面分离算法

双面分离算法是一种用于求解线性规划问题的算法，它是单纯形法的扩展，可用于解决一般的线性规划问题。

该算法的主要思想是将原问题转化为两个子问题，分别求解，最后将结果合并得到原问题的最优解。具体来说，算法首先对原问题的约束条件进行一系列变换，将其转化为一个具有特殊结构的问题，然后将其分为两个子问题：一个求解原问题的上界，另一个求解原问题的下界。其中，上界子问题是一个线性规划问题，其约束条件为原问题的约束条件加上一个额外的限制条件；下界子问题同样是一个线性规划问题，但是其约束条件与上界子问题相反，即将原问题的约束条件中的不等式符号取反。

接下来，算法使用单纯形法分别对上下界子问题求解，得到它们的最优解。如果上界子问题的最优解小于等于下界子问题的最优解，则原问题的最优解就是上界子问题的最优解；反之，则原问题的最优解就是下界子问题的最优解。

双面分离算法相对于单纯形法的优势在于它可以对一般的线性规划问题进行求解，而不需要进行转化和变换。此外，该算法可以有效地避免单纯形法的退化问题和循环问题。然而，该算法的计算复杂度比单纯形法要高，因此在实际应用中，需要根据具体情况选择合适的算法。

为了测量转子的静不平衡量和偶不平衡量，需要将转子两个校正面进行分离，然后在两个校正面适当的位置分别去重或者加重来消除转子静不平衡量和偶不平衡量，称为双面分离算法。双面分离算法示意图如图 2-10 所示。

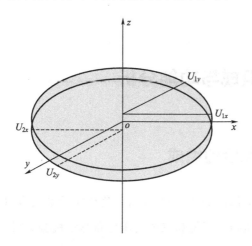

图 2-10　双面分离算法示意

假设转子静不平衡量与偶不平衡量都为 0，在转子上、下校正面分别加不平衡量 U_{1x}、U_{1y}、U_{2x}、U_{2y}。

转子静不平衡量分量 U_x、U_y 为：

$$\begin{cases} U_x = U_{1x} + U_{2x} \\ U_y = U_{1y} + U_{2y} \end{cases} \tag{2-42}$$

相隔 90°的位移传感器测量的位移分别为 V_x 和 V_y，根据式（2-40）得：

$$\begin{cases} U_x = \dfrac{M_{zu} V_x}{\lambda_s} \\ U_y = \dfrac{M_{zu} V_y}{\lambda_s} \end{cases} \tag{2-43}$$

根据式（2-43）可以计算出 U_x 和 U_y。在转子的下校正面加重或去重以消除 U_x 和 U_y，同时在下校正面上的不平衡量 U_{2x} 和 U_{2y} 被抵消。因此，转子存在与 U_{1x} 和 U_{1y} 有关的偶不平衡量，转子在旋转时由于不平衡量 U_{2x} 和 U_{2y} 的作用会产生离心力偶矩，该力偶矩能够使转子倾斜并与转子重力矩相互平衡。设转子在转动时倾斜偏移量的幅值为 V，初相位为 ϕ，根据式（2-41）可以得到 U_{1x} 和 U_{1y} 为：

$$\begin{cases} U_{1x} = \dfrac{M_{zu}gV\cos\phi}{\lambda_s\omega^2 B} \\ U_{1y} = \dfrac{M_{zu}gV\sin\phi}{\lambda_s\omega^2 B} \end{cases} \tag{2-44}$$

将 U_x、U_y、U_{1x}、U_{1y} 代入式（2-42），则可以得到 U_{2x} 和 U_{2y}。因此可完成动不平衡量两个校正面的分离计算。

2.6
实验装置的组成与功能分析

2.6.1　实验装置的组成

实验装置的组成简图如图 2-11 所示。整个实验装置以气悬浮动平衡测量装置为主体，精密气压控制系统和三个气压分布测量机构为辅。

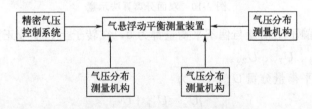

图 2-11　实验装置的组成简图

（1）气悬浮动平衡测量装置

气悬浮动平衡测量装置是整个测量系统的核心，对测量系统成功与否至关重要。它必须使转子稳定悬浮并能平稳而且匀速地旋转。转子、球面工艺装备（简称工装）和气体静压球面轴承必须精心设计、选材、制造、装配和调试，既要满足测量精度要求，又要综合考虑制造工艺性和加工成本等。该装置的关键技术是气体静压球面轴承的研制。

（2）精密气压控制系统

精密气压控制系统为气悬浮动平衡测量装置提供压力稳定、无油水、无颗粒杂质的压缩空气。驱动气流与支承气流互不影响，在驱动转子旋转时支承气流的压力不能有较大变化。压缩空气中的杂质必须滤除干净，否则会堵塞节流器环形缝，黏附在工装上会引起摩擦力矩，影响测量精度。

（3）气压分布测量机构

气压分布测量机构真实地获得气体静压球面轴承间隙内的压力分布情况，为分析转子悬浮状态的稳定性提供实验依据。为了能再现气体静压球面轴承的真实状态，测头的结构尺寸、粗糙度、与节流器的间隙等要与真实状态完全一致。测量点沿球面子午线和纬度线均匀分布，水平方向 0°～360°，摆动方向 0°～40°。为防止步进电机控制线缠绕，水平方向每测一圈需要反向测下一圈。

位移传感器标定机构针对球面工装所用的材料进行标定，并标定位移传感器输出电压与测量间隙之间的线性关系。电涡流位移传感器对被测材料的电学性能、表面处理方式、粗糙度、表面洁净程度等很敏感，因此需要定期进行标定。

2.6.2 测量控制软件系统

（1）动平衡测量软件子系统

动平衡测量软件子系统硬件逻辑结构信息流程如图 2-12 所示。

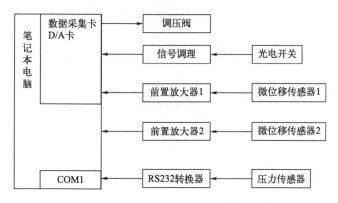

图 2-12 动平衡测量软件子系统硬件逻辑结构

该系统的主要功能是采集位移传感器数据，计算转子静偶不平衡量，同时采集压力传感器的数据以监控供气压力变化，并控制调压阀使供气压力保持稳定。光电开关的输出电压为 15V，需要将其调理成 5V 的 TTL 电平，既作为数据采集触发信号，又作为测速信号。

ADAM4017 的功能是将压力传感器输出的模拟信号转换为 R485 信号，ADAM4520 再将 R485 信号转换为 RS232C 信号，经过微机串行接口，输入并进行显示、存储和处理。由于 ADAM4017 能同时输入 8 路信号，所以在读取数据时需要指定通道号。测量静不平衡量的信息流程如图 2-13 所示。

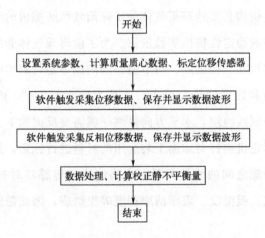

图 2-13　测量静不平衡量的信息流程

测量偶不平衡量的信息流程如图 2-14 所示。

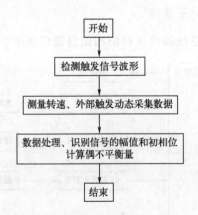

图 2-14　测量偶不平衡量的信息流程

动平衡测量软件子系统软件功能模块如图 2-15 所示。

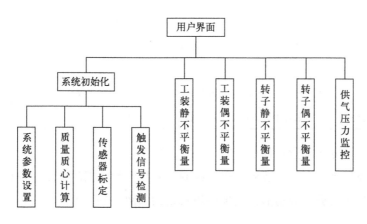

图 2-15　动平衡测量软件子系统软件功能模块

动平衡测量软件功能模块描述见表 2-1。

表 2-1　动平衡测量软件功能模块描述

功能模块	功能描述
系统参数	设置系统常用参数,如:球心至端面距离、工装校正半径、转子校正半径等数据。系统参数保存在文件 xtcs.dat 中
质量质心	根据天平读数,计算转子、球面工装、两者组合件的质量和轴向质心位置。质量质心数据保存在文件 zlzx.dat 中
传感器标定	利用传感器标定装置,输入千分表读数,采集位移传感器输出电压,计算传感器输出电压与位移之间的比例系数
触发信号	采集触发信号波形,分析上升沿和下降沿的变化情况。根据触发信号上升沿的时间间隔粗略计算转子转速。触发信号数据保存在 cfxh.dat 中
测量工装静不平衡量	两个位移传感器分别位于球面工装 0° 和 90° 的位置。工装稳定悬浮后测量两个位移传感器的输出电压,测量数据保存在文件 gzcso.dat 中;然后使球面工装转动180°,稳定悬浮后测量两个位移传感器的输出电压,测量数据保存在文件gzcsl.dat 中。计算工装静不平衡量并进行校正,消除工装静不平衡量对转子测量精度的影响
测量工装偶不平衡量	工装稳定悬浮后缓慢开启驱动阀门使工装转动,测量转速,当转速略高于额定转速时关闭驱动阀门。当转速逐渐降至额定转速时采集数据,数据存入文件 gzc-so.dat。进行快速傅里叶变换,显示各频率成分的强度。计算工装偶不平衡量并进行校正,消除工装初始偶不平衡量
测量转子静不平衡量	转子稳定悬浮后测量两个位移传感器的输出电压,测量数据保存在文件gjcso.dat 中;然后使转子转动 180°,稳定悬浮后测量两个位移传感器的输出电压,测量数据保存在文件 gicsl.dat 中。计算转子静不平衡量并进行校正,消除转子初始静不平衡量

续表

功能模块	功能描述
测量转子偶不平衡量	转子稳定悬浮后缓慢开启驱动阀门使转子转动,测量转速,当转速略高于额定转速时关闭驱动阀门。当转速逐渐降至额定转速时采集数据,数据存入文件 gic-so.dat。进行快速傅里叶变换,显示各频率成分的强度。计算转子偶不平衡量并进行校正,消除转子初始偶不平衡量。至此,转子可视为理想平衡转子
供气压力监控	通过串口获取气体压力值,显示压力变化曲线

(2) 气压分布测量软件子系统

以工控机为平台,完成测头运动控制、气压测量数据的采集、圆柱坐标显示气压分布和压力分析等功能。其硬件逻辑结构如图 2-16 所示。

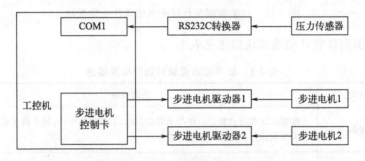

图 2-16   气压分布测量系统硬件逻辑结构

工控机直接控制两个步进电机,驱动测头在球面节流器内摆动和水平转动。摆动步进电机通过同步皮带使测头摆动,传动比为 1.8,每 10 个脉冲测头摆动 1°。水平步进电机通过联轴器和轴驱动测头水平旋转,每 5 个脉冲测头转动 0.9°。水平转动初始时按逆时针方向,同时水平转动时进行计数,当为偶数时按顺时针方向,最后返回原始位置。

测头运动控制连接如图 2-17 所示。

气压分布测量的信息流程如图 2-18 所示。

本书采用 MPC02 控制卡控制两个步进电机。该卡是基于微机 PCI 总线的步进电机或数字式伺服电机的上位控制单元,它与微机构成主从式控制结构:微机负责人机交互界面的管理和控制系统的实时监控等方面的工作,MPC02 控制卡完成运动控制的所有细节,如脉冲和方向信号的输出、自动升降速的处理、原点和限位等信号的监测等。MPC02 控制卡配备了功能强大、内容丰富的运动控制驱动 DLL 库函数,在插补算法和运动函数的执行效率方面采用了更有效的方法,提高了插补精度和插补速度。

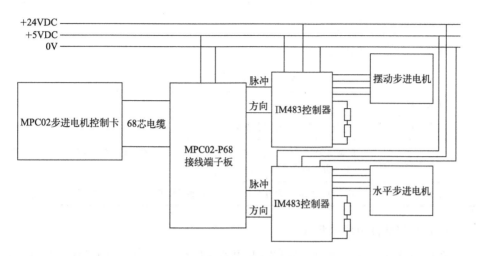

图 2-17　测头运动控制连接简图

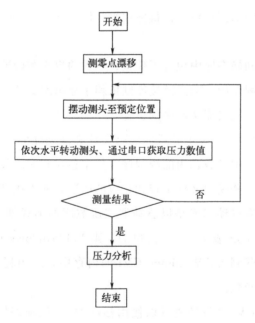

图 2-18　气压分布测量的信息流程

步进电机有两个问题需要解决：抖动和发热。合理设置步进电机控制参数，如每周脉冲数、每秒脉冲数等，既消除测头的抖动又不影响测量效率。采取有效隔热措施，一方面设置限流电阻降低步进电机的发热，另一方面在步进电机与测头支架之间增加隔热垫片，以消除步进电机发热对测头空间位置的影响。

气压分布测量软件子系统主要由零点漂移、压力测量和压力分析三个功能模块组成，通过测量气体静压轴承间隙内部的压力分布情况，分析压力均匀性对转子悬浮稳定性的影响，指导球面节流器的结构设计。

软件各功能模块描述见表 2-2。

表 2-2　气压分布测量软件功能模块描述

功能模块	说明
零点漂移	标定压力传感器的零点漂移
压力测量	控制水平转动步进电机和摆动步进电机，驱动测头到达测点位置，获取压力数值，显示并保存至数据文件中
压力分析	显示球面内部压力分布；分析子午线和纬线两个方向的压力分布情况

（3）外部软件模块的集成

在应用软件开发过程中，常常需要用到其他开发工具生成的模块，有时也需要利用开发工具建立特定功能的软件模块供其他开发人员使用。在 Windows 操作系统中，常用的外部模块包括：目标代码文件（.obj）、静态库（.lib）和动态链接库（.DLL）。

目标代码文件和静态库中包含了变量、函数的定义和函数的实现，在程序连接时连接到可执行程序中。动态链接库则依赖于导出库文件，导出库文件包含了函数代码在相应动态链接库文件中的位置。

在 LabWindows/CVI 中集成目标代码文件和静态库时，直接将它们添加到项目工程中，并在使用函数调用的源程序文件中包含相应的头文件即可。项目在连接时，将自动到这些模块文件中查找相应的函数，并连接到可执行文件中。如果所要使用的静态库或动态库是以驱动器或函数库的形式加载到 LabWindows/CVI 环境的 Instrument 或 Library 窗口的，则 LabWindows/CVI 在启动时自动将相应的库函数加载到 LabWindows/CVI 的内存中，应用程序在连接时自动到内存中查找相应的函数。

LabWindows/CVI 开发环境可以使用标准的 32 位动态链接库，其 DLL 文件包含了具体的实现代码，而导出库文件则包含函数的导出信息，即相应的函数在 DLL 文件中的位置和引用方法等。动态链接库的应用程序中没有包含动态链接库中函数的实现代码，在程序连接时只连接了导出库文件中给出的函数位置信息。动态链接库中函数的实现代码是程序运行时从 DLL 文件中加载的。因此，在程序编译连接时只使用导出库文件，在程序运行时才使用 DLL 文件，编译时要把导出库文件添加到项目工程中。

2.6.3　气悬浮立式动平衡测量系统设计的关键技术问题

根据设计的气悬浮立式转子动平衡测量系统的总体结构，需要研究解决以下技术问题。

① 测量系统的结构设计，关键是气体静压球面轴承的设计。优化气体静压球面轴承的结构参数，根据转子悬浮稳定性的要求、有限元分析结果以及加工工艺等设计球面节流器。

② 悬浮转子稳定性分析与控制技术。建立悬浮转子的力学模型，分析单自由度受迫振动与自激振动的原因，采取有效措施消除影响稳定性的因素。

③ 数据处理，从测量数据中提取弱信号的主要参数。采用有限冲激响应的数字滤波和信号识别技术，从混有噪声的信号中提取信号的幅值、频率和初相位。

④ 研究 LabWindows/CVI 环境下对外部模块的集成技术。将数据采集卡控制函数、步进电机驱动函数和传感器数据转换函数等集成到测量控制应用系统中，解决变量、函数的接口问题。

⑤ 触发信号调理与误触发的监测。将光电开关的输出调理成标准的 TTL 电平，监控触发信号波形并报警，通过触发信号的跳变计算转速。

2.7
本章小结

在本章的论述中，详细阐述了气悬浮动平衡量的测量原理以及其在转子动平衡检测中的关键作用。通过精密的测量，准确获取了转子的水平位移偏移量，为后续的动平衡量计算提供了可靠的基础数据。特别强调了转子与静不平衡量、偶不平衡量之间的线性关系建立，通过这种关系的精准建模和计算，得出了转子不平衡量的具体数值和位置信息，为后续的动平衡校正提供了重要依据和指导。

此外，本章还深入分析了空气阻尼对转子动平衡检测精度的影响。在实际应用中，空气阻尼作为外部因素之一，可能会对转子的测量结果产生一定的影响。通过对空气阻尼的综合分析和评估，提出了一系列相应的校正和优化方案，以确保动平衡检测数据的准确性和可靠性。这些分析和措施的提出，进一步提高了动平衡检测的精度和可靠性，为相关领域的精密制造和工程应用提供了重要的技术支持和解决方案。

通过对气悬浮动平衡量测量原理的深入阐述和分析，以及对空气阻尼影响的细致探讨，本章的内容更加全面、深入，对气悬浮动平衡检测技术的理论研究和实际应用都具有重要的指导意义和借鉴价值。这些理论探讨和实验研究为相关领域的研究者和工程技术人员提供了宝贵的参考依据，有助于推动相关技术的不断创新和发展。

第3章
气悬浮动平衡检测试验台仿生机理研究

3.1
引言

由于长耳鸮具备优良的飞行特性，所以它是仿生学研究中常用的生物样本。长期以来，人们对长耳鸮的飞行机理和规律、翼面函数以及多因子耦合的动力学原理进行了较深入的研究。本章通过仿生长耳鸮翅膀结构设计气悬浮动平衡检测平台，提升了悬浮平台升力、减少了悬浮时所需气压。首先根据长耳鸮翅膀生理结构特征建立结构映射模型。通过结构设计的理论计算公式和结构尺寸参数建立仿生模型。采用 FLUENT 仿真软件对结构模型进行仿真分析，然后采用遗传算法对结构参数进行优化。最后，利用 3D 打印机制造试验工件，并在此基础上搭建试验台，同时设计对比实验，将试验台的实验结果与理论计算结果进行对比，结果表明在相同气压下，V 形表面的悬浮工件所具有的悬浮力和所需气压最优。

3.2
仿生长耳鸮翅膀形态特征与建模

3.2.1　长耳鸮翅膀表面生物特征提取和映射

长耳鸮如图 3-1(a) 所示。图 3-1(b) 是长耳鸮翅膀的剖面结构简图，长耳鸮翅膀前端厚，末端薄。由于翅膀和气流处于一定角度，当长耳鸮向前飞行时，翅膀的前缘使气流以两种方式流动，并分别流过上下翅面。因为上翅表面是拱形结构，所以气流速度比下翅表面的气流速度快。根据流体动力学中"快速低压"的原理可知上翅面压力小，下翅面压力高，这种压力差使长耳鸮翅膀飞行时产生动力。当长耳鸮在飞行时，翅膀与前方气流成一定迎角，下翅则由于气流的作用产生正压力，同时上翅会处于负压，此过程使长耳鸮翅膀产生了向上升力。

长耳鸮翅膀表面结构图如图 3-1(c) 所示，Richardson 等研究者介绍了长耳鸮在飞行机理上具有的独特作用，长耳鸮翅膀在飞行中起重要作用，而其羽毛的

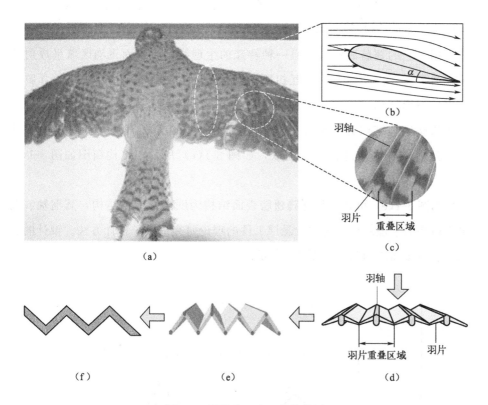

图 3-1　翅膀表面生理结构简图

特殊结构有助于提高其飞行技能，不同羽毛在飞行中具有不同的功能，指骨上的羽毛呈三角形排布，构成翅膀外翼，称为初级飞羽，其依靠指骨的带动来完成较多自由运动，产生飞行动力。位于前臂翅膀内侧的尺骨上的次级飞羽，呈现曲面，在飞行中能够提供向上升力。三级飞羽长在翅膀根部，位于最内层与其身体连接处，它的存在能降低空气阻力使空气平滑流过。覆羽长在身体外部和翅膀上表面，包括主覆羽、中覆羽以及小覆羽，它的流线型结构能够增加长耳鸮飞行时向上的升力。飞羽的组成包括羽轴和羽片，由于翅膀的上表面呈现出流线型的弧面，所以空气流过上下表面时，产生垂直翼面向上的压力差，进而为长耳鸮飞行提供有效的升力。长耳鸮翅膀表面结构由羽轴、羽片组成，其中羽片重叠区域与羽轴排列有序，形成沟槽形结构。凭借其翅膀结构，长耳鸮可以借助空气对翅膀产生向上的升力，来实现在天空中滑翔。它的优良气动性能与其翅膀表面的特殊结构形态有很大关系。

　　长耳鸮翅膀表面结构是一个非常复杂的结构，它为其飞行提供了升力和动力。为了仿生长耳鸮翅膀飞行特性，需对其翅膀表面结构和运动特性展开深入研究。翅膀表面结构包括羽轴和羽片，长耳鸮在飞行过程中翅膀表面结构具有重要的作用，它的翅膀表面结构是一种特殊的生理结构，表面飞羽区域呈放射状且非光滑形态，由初级飞羽相互扣覆构成，呈现出凹凸形沟槽。由于长耳鸮翼面拱形沟槽形结构可以产生更多涡流现象，进而使长耳鸮飞行能力显著提高。长耳鸮翅膀生理结构简图如图 3-1(d) 所示。本书基于长耳鸮翅膀结构表面特点，将其结构简化并进行特征提取，如图 3-1(e) 所示，结构简图如图 3-1(f) 所示。

根据图 3-1(e) 可知，长耳鸮翅膀表面结构为凹凸形沟槽结构，其羽轴、羽片组成独特的生理结构，为仿生悬浮工件的理论研究提供了设计方法。设计的悬浮工件表面截面结构简图如图 3-2 所示。

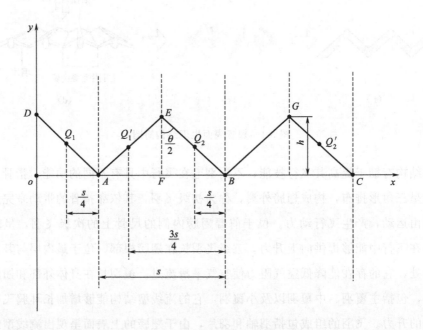

图 3-2　悬浮工件示意

如图 3-2 所示，固定坐标系为 oxy，悬浮工件表面结构与 x 轴交点分别为 A、B、C，与 y 轴的交点为 D，取点 E、F、G，其中 EF 为三角形 AEB 的中线，取 Q_1、Q_1'、Q_2、Q_2' 分别为 AD、AE、BE、CG 的中点；Q_1 在 x 轴上的投影到 A 点的距离为 $\frac{1}{4}s$，Q_1' 在 x 轴上的投影到 B 点的距离为 $\frac{3}{4}s$，Q_2 在 x 轴

上的投影到 B 点的距离为 $\dfrac{1}{4}s$，Q_2' 在 x 轴上的投影到 C 点的距离为 $\dfrac{1}{4}s$，$|AB|=s$，E 点到 x 轴的距离为 h。

根据图 3-2 几何关系可知：

$$l=\frac{h}{\cos\dfrac{\theta}{2}} \tag{3-1}$$

式中　l——B 和 E 之间的长度，m；

　　　h——G 到 x 轴的距离，m。

$$S_1=2\pi r_1 l=2\pi\frac{s}{4}l \tag{3-2}$$

式中　S_1——第一圈的右侧面积，m^2；

　　　r_1——半径，$r_1=\dfrac{s}{4}$，m；

　　　s——A，B 之间距离，m。

$$S_2=2\pi r_2 l=2\pi\left(\frac{s}{4}+s\right)l \tag{3-3}$$

式中　S_2——第二圈的右侧面积，m^2。

$$S_n=2\pi r_n l=2\pi\left[\frac{s}{4}+(n+1)s\right]l=\frac{\pi sl}{2}(n-1) \tag{3-4}$$

式中　S_n——第 n 圈的右侧面积，m^2。

$$S_{k1}=s_1+s_2+\cdots+s_n=\pi sl\left(n^2-\frac{1}{2}n\right) \tag{3-5}$$

式中　S_{k1}——n 圈的右侧面积之和，m^2；

　　　n——三角形螺纹条数。

由式（3-1）和式（3-5）得：

$$S_{k1}=\frac{\pi sh}{\cos\dfrac{\theta}{2}}\left(n^2-\frac{1}{2}n\right) \tag{3-6}$$

同理可知：

$$S_1'=2\pi r_1' l=2\pi\frac{3s}{4}l \tag{3-7}$$

式中　S_1'——第一圈的左侧面积，m^2。

$$S_2' = 2\pi r_2' l = 2\pi\left(\frac{3s}{4} + s\right) l \tag{3-8}$$

式中 S_2'——第二圈的左侧面积，m^2。

$$S_n' = 2\pi r_n' l = 2\pi\left[\frac{3s}{4} + (n-1)s\right] l = \frac{3\pi s l}{2} + 2\pi s l(n-1) \tag{3-9}$$

$$S_{k2} = s_1' + s_2' + \cdots + s_n' = \pi s l\left(n^2 + \frac{1}{2}n\right) \tag{3-10}$$

由式(3-1)和式(3-10)得：

$$S_{k2} = \frac{\pi s h}{\cos\dfrac{\theta}{2}}\left(n^2 + \frac{1}{2}n\right) \tag{3-11}$$

由式(3-6)和式(3-11)得：

$$S = s_{k1} + s_{k2} = \frac{2n^2\pi s h}{\cos\dfrac{\theta}{2}} \tag{3-12}$$

在向上气压为 p 的条件下，引入浮力系数 $k=1.5$，同时无攻角处受到向上的浮力 F_1，由式(3-12)得：

$$F_1 = k\frac{2n^2 p\pi s h}{\cos\dfrac{\theta}{2}} \tag{3-13}$$

攻角的结构升力计算公式为：

$$F_2 = \frac{1}{2}\rho v^2 s' c_L \tag{3-14}$$

式中 F_2——攻角结构所受升力，N；

ρ——空气密度，kg/m^3；

v——速度，m/s；

c_L——升力系数；

s'——参考面积，m^2。

$$S' = 2\pi r n \tag{3-15}$$

$$F_2 = n\frac{1}{2}\rho v^2 2\pi r c_L \tag{3-16}$$

$$F = F_1 + F_2 \tag{3-17}$$

式中 F——带攻角的 V 形表面圆形工件受到的浮力，N；

r——半径，m。

由式(3-13)、式(3-16) 和式(3-17) 得：

$$F = k\frac{2\pi sh p n^2}{\cos\dfrac{\theta}{2}} + \frac{1}{2}n\rho v^2 s' c_L \tag{3-18}$$

式中　F——带攻角的 V 形表面圆形工件受到的浮力，N；

$\quad\quad s'$——参考面积，m^2；

$\quad\quad \rho$——空气密度，kg/m^3。

3.2.2　翅膀表面结构建模

本书采用 VHX-2000 型超景深显微镜对长耳鸮翅膀表面结构进行测量分析，提取翅膀形态特征信息，测量得到长耳鸮翅膀表面静脉凸处和凹处的比值为 1∶4，设计一个圆盘形结构，盘形表面采用仿生长耳鸮翅膀表面结构，仿生结构如图 3-3 所示。

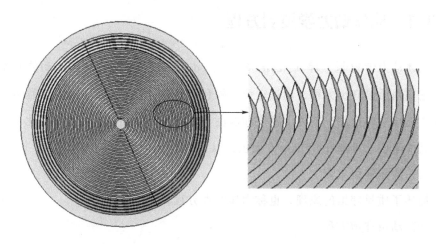

图 3-3　仿生长耳鸮翅膀表面结构

3.2.3　翅膀攻角特征建模

长耳鸮在飞行时，翅膀并不是水平，而是具有一定的攻角，从翅膀侧面简图可知，翅膀的弦线和相对气流夹成的角度，也就是指翅膀的升力的矢量方向与翅膀纵轴之间的夹角，称为攻角。攻角的作用是提升翅膀的升力。根据长耳鸮翅膀的攻角原理，建立仿生映射模型，如图 3-4 所示。

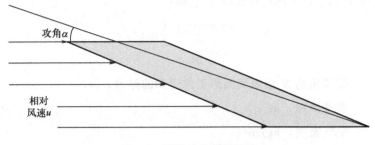

图 3-4　翅膀攻角映射简图

3.3
基于长耳鸮翅膀攻角仿生悬浮盘模型仿真分析

3.3.1　流体动力学控制方程

流体动力学控制方程（Navier-Stokes equations）是描述流体运动的基本方程，它们由质量守恒方程、动量守恒方程和能量守恒方程组成。这些方程可以用来描述流体中的速度、压力、密度和温度等物理量在时间和空间上的变化。

具体来说，Navier-Stokes 方程包括以下方程。

（1）质量守恒方程

描述了质量守恒的原理，也称为连续性方程。

（2）动量守恒方程

描述了运动物体的动力学原理，也称为动量方程。

（3）能量守恒方程

描述了能量守恒的原理，也称为热力学方程。

这些方程可以用来描述流体的运动和行为，包括流体的速度、压力、密度、温度、黏性等。它们在科学和工程领域中有广泛的应用，例如流体力学、航空航天工程、气象学、海洋学、化学工程、生物医学工程等等。

当流体中有不同成分混杂时，其流体需要遵守成分守恒定律；同时也要满足涡流运动方程。长耳鸮的飞行速度通常低于 40m/s，本书模拟的长耳鸮翅膀模型分别在气流速度 2m/s 和 20m/s、马赫数 $Ma<0.3$ 的条件下进行运动，将空气看作不可压缩流体，忽略热传递因素的影响，仅对质量以及动量方程求解。

3.3.2　建立湍流模型

研究者通过大量实验研究，并对结果中所得数据进行分析，建立了多重湍流模型。例如代数 Baldwin-Lomax 模型（B-L 模型），半方程 Johnson-King 模型，一方程 Spalart-Allmaras 湍流模型（S-A 模型），双方程 k-ε 和 k-ω 模型等。S-A模型被广泛应用于实践中，例如航空领域、叶轮机械的流场模拟等，它是一个稳定性较好的方程模型，其仿真模拟能力优于 B-L 模型。

S-A 模型与双方程湍流模型相比，计算复杂度小于双方程湍流模型，网格数量和质量要求不是很高，因此 S-A 模型是一种适应性较强，雷诺数较低的湍流模型。特别是对于逆压反梯度导致的边界层分离计算问题已经取得了显著的效果，适用于本书中长耳鸮的翅膀结构模型仿真模拟，对于分析翅膀结构的空气动力特性有很大的帮助，同时对加深研究低速状态下的表面流动的分离状态也具有很大意义。

对于具有固定壁完全发展的湍流，沿着墙壁正常高度的流动被分成壁区域和核心区域。由于壁面流动条件对壁面区域有很大影响，所以壁面区域流动复杂。壁流分为三层，包括黏性底层、过渡层以及对数律层。均沿着法线方向流动，黏性底层贴在壁面上做流程流动，黏性底层之外就是过渡层，过渡层之外是对数律层，其速度分布接近对数律。

湍流模型主要包括低雷诺数模型以及高雷诺数模型两种。按照流动特性，选择与之相匹配的湍流模型以及与之相适用的壁面网格条件。本书选择的是 S-A模型以及增强函数的网格条件。计算域为圆柱体，模型直径为 L，边界的直径为 $2L$，计算域入口以及出口边界距模型的距离为 $5L$。为了提高计算精度，使用四面体和三棱柱混合型的非结构化网格。除了边界层网络的细化之外，模型附近的网格也进行加密处理，计算网格如图 3-5 所示。

在两个给定风速 u 和雷诺数 Re 的条件下，$u=2m/s$、$Re=16000$ 和 $u=20m/s$、$Re=16000$，攻角在 $0°\sim25°$ 范围内，利用稳态数值对仿生长耳鸮机翼结构模型的升力系数 C_L 和阻力系数 C_D 进行模拟计算。

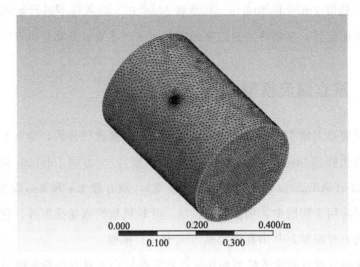

图 3-5　计算网格

（1）主要求解方法

主要采用分离式求解来解决不可流动的问题，即通过逐个求解控制方程来处理。

半隐式 SIMPLE 算法常被用于求解压力耦合方程，在工程中的应用非常广泛。此算法是通过修改给定的压力场，进而得到相应压力校正方程，最终求得压力校正值。求解离散动量方程从而得到新的速度场，在重复校正之后经过计算求得修正的压力以及速度场。所有项均由二阶迎风差分格式进行离散，收敛准则设为 10^{-4}。

（2）模型边界设计条件

速度入口边界：到达速度为 $u=2\text{m/s}$ 和 $u=20\text{m/s}$ 时，弦长雷诺数分别为 $Re=16000$ 和 $Re=16000$。

压力出口边界：取无限出口压力，即设定出口静压为 0。

壁边界：仿生模型的表面为滑移壁面，设后边界为对称面，上部、下边界以及前边界设为滑移壁面，平移速度和进入流速相同，进而使壁面的黏性阻碍减少。

模拟得到了 0°～40°攻角下该模型升力系数以及其阻力系数，并绘制出当攻角发生变化时其升力系数以及阻力系数的曲线。

如图 3-6 为 $u=2\text{m/s}$、$Re=16000$ 下，当攻角发生变化时，仿生长耳鸮翅膀的表面结构模型的升力系数以及阻力系数对比图。由图可知，根据仿生长耳鸮翅膀的表面结构模型并经过计算得出的升力系数以及阻力系数曲线同试验的结果一致。长耳鸮翅膀表面结构模型的失速攻角为 25°，且失速攻角在仿生长耳鸮翅膀数值模拟 20°～30°范围内。在风速为 2m/s 范围内，仿生长耳鸮翼面结构模型具有较高的失速特性，且仿生长耳鸮翅膀表面结构模型在攻角 0°附近具有最小阻力系数，然后随着攻角的增大而增大。

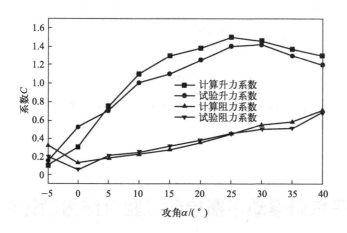

图 3-6　$u=2$m/s 时的升、阻力系数对比

　　图 3-7 是 $u=20$m/s 和 $Re=16000$ 下仿生长耳鸮翅膀结构模型升、阻力系数曲线对比图。从图可以看出，计算得到的长耳鸮翅膀的升、阻力系数略大于试验测得的升、阻力系数，数值计算与实验之间存在一定的偏差，这是由在实际测量时翅膀的变形引起的。在小气动力的作用下，容易发生扭转变形，相当于减小攻角，同时升力系数和阻力系数也随之变小。当攻角变大，速度也随之增大，会发生扭转变形，同时升、阻力系数也下降越大。本书对模型静态数值模拟时，未将变形因素考虑在内。因此，升、阻力系数的计算值偏大。当达到最大升力系数时，测量长耳鸮翅膀结构模型的攻角为 27°。数值模拟表明，失速发生在 25°～30°范围内。数值计算和试验表明，随着速度增大，失速攻角也随之增大。

　　综上可见，模拟了 $u=2$m/s 和 $u=20$m/s 两种风速度条件下，仿生长耳鸮翅膀结构模型的气动特性，模拟时发现 $u=20$m/s 时，由于实际测量翅膀发生了变形，失速攻角增大。升、阻力系数随着攻角的增大而变大，但是达到失速攻角后，升力系数反而随着升、阻力系数的增大而减小。

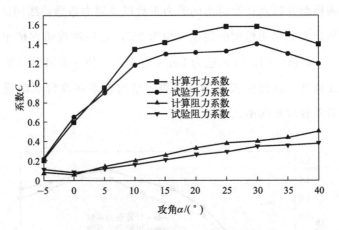

图 3-7 $u=20\text{m/s}$ 时的升、阻力系数对比

3.4
盘式转子气悬浮动平衡检测试验台结构设计与优化

3.4.1 基于遗传算法的长耳鸮翅膀仿生结构优化建模

遗传算法是一种基于生物进化过程的计算机优化方法。它模拟了生物进化过程中的自然选择、基因遗传和基因变异等过程，通过模拟这些过程来寻找最优解。

遗传算法的核心思想是通过对解空间内的个体进行组合、变异和选择等操作，来搜索问题的最优解。在遗传算法中，每个个体被编码为某种形式的基因型，这个基因型决定了这个个体在搜索空间中的位置。

遗传算法适用于求解复杂的优化问题，例如旅行商问题、背包问题、函数优化等。它的优点是可以在大规模搜索空间内高效地搜索解空间，可以避免陷入局部最优解，并且对于非线性、非凸的优化问题也能够较好地求解。

遗传算法是通过得到一个对问题潜在解而进行数字化编码的方法。利用随机数初始化建立一个种群，种群的个体就是数字化的编码。利用适应性函数对逐个基因个体进行适应度评估，再通过函数选择出最佳目标后使其发生个体基因变异，进而产生子代。通过遗传算法虽然不能 100％得到相应问题的最优解，但遗传算法最大的优势是通过给定选择标准，免去了寻最优解的数学求解过程。

对圆盘形模型进行优化，将公式(3-18)作为目标函数，其优化的目标为选择最优的底边 s 及高度 h，首先选取种群规模，根据对目标函数的图形的分析可知，目标函数中可能存在多个局部最优解，因此，这里选取的种群规模为 200。编码方式采用系统默认二进制编码，二进制编码长度选择为 20。考虑到实际情况中三角形的底边和高度不会为负值，且根据工件加工情况，初步确定底边和高度的尺寸小于 5mm。这个被用来作为算法每次迭代的约束条件，即最小边界矩阵为 [0 0]，最大边界矩阵为 [5 5]。选择最大迭代次数为 1000，每次的迭代误差为 $1×10^{-9}$。选择交叉概率为 0.9，变异概率为 0.1。迭代 200 次左右将得到最优解，优化效果如图 3-8 所示。

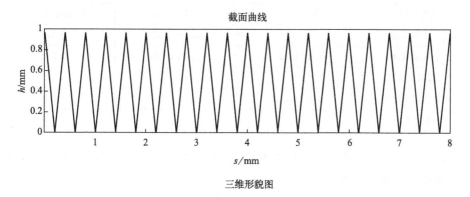

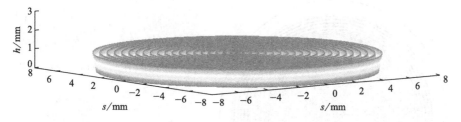

图 3-8　V 形仿生工件表面结构参数优化模拟

h—圆盘模型高度；s—圆盘模型直径

遗传算法优化的结果：在悬浮升力 F 最大的情况下，$h = 0.58823$mm，$s = 2.3529$mm。根据长耳鸮翅膀的表面结构设计出 5 种仿生结构，结构简图如图 3-9 所示。

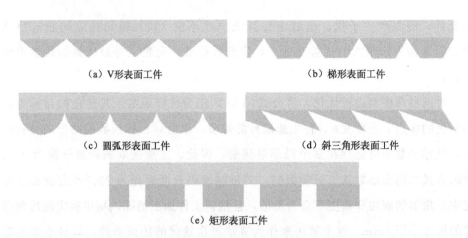

(a) V形表面工件　　　　　　　　(b) 梯形表面工件

(c) 圆弧形表面工件　　　　　　　(d) 斜三角形表面工件

(e) 矩形表面工件

图 3-9　仿生优化结构简图

5 种翅膀表面结构仿生优化结构简图具体参数如表 3-1 所示。

表 3-1　仿生优化结构参数

仿生结构	深度 h/mm	宽度 s/mm	深宽比(h/s)
(a) V 形截面	0.6 ± 0.02	2.4 ± 0.02	0.25
(b) 梯形截面	0.6 ± 0.02	2.4 ± 0.02	0.25
(c) 圆弧形截面	0.6 ± 0.02	2.4 ± 0.02	0.25
(d) 斜三角形截面	0.6 ± 0.02	2.4 ± 0.02	0.25
(e) 矩形截面	0.6 ± 0.02	2.4 ± 0.02	0.25

根据上述结构参数，将 5 种仿生翅膀表面结构设计为圆形结构，用三维软件进行建模，如图 3-10 所示。

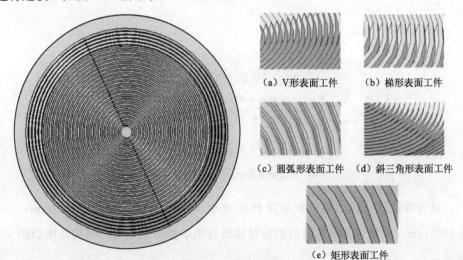

(a) V形表面工件　　　　(b) 梯形表面工件

(c) 圆弧形表面工件　　　(d) 斜三角形表面工件

(e) 矩形表面工件

图 3-10　仿生模型

3.4.2　实验测试

用 3D 打印机打印出表面为 V 形、梯形、圆弧形、矩形、光滑平面、斜三角形的 6 种悬浮工件，在搭建的悬浮试验台上进行对比实验，试验台与悬浮工件如图 3-11 所示。

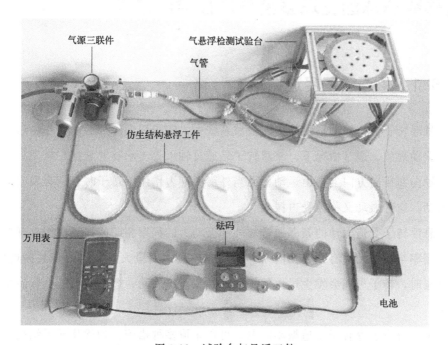

图 3-11　试验台与悬浮工件

将上述 6 种悬浮工件，在搭建的悬浮试验台上进行对比实验，实验结果如图 3-12 所示。

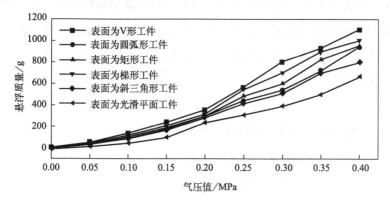

图 3-12　悬浮工件数据对比图

通过上述对比实验可知，在相同气压情况下，上述 8 组试验中表面为 V 形的悬浮工件比圆弧形表面悬浮工件、梯形表面悬浮工件、矩形表面悬浮工件、斜三角形表面悬浮工件、光滑表面悬浮工件所受的悬浮力大。

3.5
气体静压球面支承系统稳定性控制技术

3.5.1　悬浮转子受迫振动

悬浮转子受迫振动指的是旋转机械系统中，转子受到外部振动力作用后所发生的振动现象。通常情况下，悬浮转子是通过轴承等支承装置悬挂在机架上，可以在轴向和径向方向上自由运动。而当外部振动力作用于转子时，它会发生周期性振动，这种振动又称为受迫振动。

悬浮转子受迫振动的频率通常与外部振动力的频率相同或接近。当外部振动力的频率与转子的固有频率相同时，振动幅度会达到最大值，这就是共振现象。在共振时，转子可能会发生过大的振幅，导致系统失稳，严重时可能会导致机械损坏。

为了解决悬浮转子受迫振动问题，可以采取多种措施，如优化转子结构、改进悬浮系统、设计有效的控制算法等。此外，通过数值模拟等方法研究悬浮转子的受迫振动特性也是一种常用的研究手段。

当供气压力发生波动时气体静压球面轴承的承载力也将随之变化，为便于分析供气压力波动对转子悬浮状态的影响，转子悬浮状态的变化可视为单自由度受迫振动。供气压力的波动导致承载力的变化为外部激振力，简化为 $F\sin(\omega t)$。转子的振动方程为：

$$m\ddot{x} + c\dot{x} + kx = F\sin(\omega t) \tag{3-19}$$

式中　k——稳定状态时轴承的刚度，N/m；

　　　m——转子的质量，kg；

　　　c——转子轴向振动时的阻尼，N·s/m。

其解：

$$x = A\sin(\omega t - \phi_i) \qquad (3\text{-}20)$$

其中振幅 A 和相位 ϕ_i：

$$A = \frac{F}{\sqrt{(1-\lambda^2)^2 + (2\xi\lambda)^2}} \qquad (3\text{-}21)$$

$$\phi_i = \arctan\frac{2\xi\lambda}{1-\lambda^2} \qquad (3\text{-}22)$$

$$\lambda = \omega/\omega_\lambda$$

$$\omega_\lambda = \sqrt{k/m}$$

$$\xi = c/c_\xi$$

$$c_\xi = 2\sqrt{mk}$$

式中　λ——频率比；

　　ω——系统固有频率，Hz；

　　ξ——阻尼比；

　　c_ξ——临界阻尼系数。

对于本系统而言，$k = 10^6 \text{N/m}$，$m = 2.5\text{kg}$，因此 $\omega_\lambda = 948\text{rad/s}$。供气压力发生变化主要是调压阀进行压力调节产生的，球面节流器正常工作时 ω 通常很小。若要使振幅 A 小于 $1\mu\text{m}$，根据式（3-21）可知，承载力的变化量必须小于 1N，供气压力波动幅度必须小于 4%。

3.5.2　转子自激振动及控制技术

转子自激振动是指机械转子在高速旋转时，由于机械和结构的特性，自身形成的振动作用于自身，形成不断扩大的振幅的现象。这种振动不是外界强制振动引起的，而是由机械结构和物理特性的相互作用而引起的。转子自激振动可能会导致机械故障、性能下降、噪声污染等问题，因此对机械转子自激振动进行研究和控制是非常重要的。

为了控制转子自激振动，可以采用多种控制技术，如有源控制、无源控制、混合控制等。有源控制通常通过安装传感器和执行器对振动进行实时控制，例如采用 PID 控制算法、LQR 控制算法等控制策略来调整控制器输出，控制振动的幅值和频率。无源控制则是通过改变结构和参数来控制振动，例如采用阻尼器、弹簧、支承系统等控制方法来消耗振动能量和抑制振动。混合控制是将有源和无源控制结合起来，通过多种手段来控制转子自激振动。

供气系统和气体静压球面轴承组成一个振动系统，在没有外部激励作用时，由系统自身激发可能产生自激振动。该自激振动系统包含能源、控制调节环和振动系统三部分，各环节的联系如图 3-13 所示。

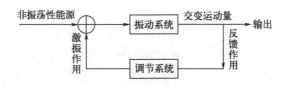

图 3-13   自激振动系统的组成

能源供给自激振动系统所需的能量。调节环将振动系统的交变运动量变换为交变力，并反馈给振动系统，以保证振动持续进行。振动体的运动控制着调节环的作用，调节环所产生的交变力又控制着振动体的运动，它们之间相互联系和作用，形成了一个具有反馈特性的闭环系统。在一个能产生稳态自激振动的自振系统中，能源输入系统中的能量受到系统自身的控制。当系统振幅较小时，通过系统的反馈作用，能源输入系统的能量将大于振动所消耗的能量，从而使系统的振幅逐渐增大。反之，当系统的振幅较大时，系统的反馈作用又使输入系统的能量小于振动所消耗的能量，从而使系统的振幅逐渐降低。因此，当自振系统受到某种偶然干扰而振动时，经过系统内部各环节的相互作用，就会变成连续的、具有稳定振幅的周期振动。

在实际的自激振动问题的研究中，最重要的情况是判定该自激振动系统在什么条件下产生自激振动以及分析系统各参数对稳定性的影响。多数情况下，主要研究自激振动系统在平衡位置附近的稳定性，这是因为在系统平衡位置附近的小区间内，系统的非线性描述可用近似的线性描述来代替。为了判定自激振动系统的稳定性，需要描述系统影响因素的判据。劳斯-赫尔维茨判据是一种常用的线性判据，其实质是当全部特征根的实部为负数时，该自激振动系统是稳定的。因此，针对本书测量系统，式(3-19)的特征根为：

$$\lambda_0 = \frac{-c \pm \sqrt{c^2 - 4mk}}{2m} \tag{3-23}$$

根据劳斯-赫尔维茨判据，系统阻尼必须为正数，这样气体静压球面轴承才是稳定的。如果阻尼 c 小于 0，负阻尼力比振动位移滞后 90°，有能量输入系统，因此系统将产生发散的自激振动。如果气体静压球面轴承的球面节流器存在气腔，其产生的负阻尼将会导致自激振动。由此可见，在设计气体静压球面轴承时，尽量消除气腔。本书设计的双环缝球面节流器进气狭缝直接与轴承间隙相连，不存在过渡气腔，因此是稳定的。试验结果也证明了这一结论。

3.5.3　气体压力自适应 PID 控制方法

自适应 PID 控制是一种改进的 PID 控制算法，其目标是提高 PID 控制器的性能和鲁棒性。自适应 PID 控制方法可以自动调整 PID 控制器的参数，以适应不同的控制要求和环境变化。

气体压力自适应 PID 控制方法的基本思路是在传统 PID 控制器的基础上，增加一个自适应模块，该模块可以根据气体压力的变化自动调整 PID 控制器的参数。自适应模块一般采用模型参考自适应控制算法，利用气体压力变化的动态特性建立一个参考模型，然后通过比较实际输出和参考模型输出之间的误差，自适应地调整 PID 控制器的比例、积分和微分参数，以达到快速、精确地控制气体压力的目的。

气体压力自适应 PID 控制方法具有精度高、响应快、鲁棒性强等优点，在实际应用中，还可以根据不同的气体特性和控制要求，对自适应模块进行优化和改进，以提高气体压力控制的效果和稳定性。

自适应 PID 控制方法通常基于以下两种策略之一：模型参考自适应控制（model reference adaptive control，MRAC）和自适应增益 PID 控制（adaptive gain control，AGC）。

MRAC 是一种自适应控制方法，用于设计控制器来跟踪预定义的参考模型。MRAC 通过在线估计未知系统参数并将其纳入控制器中，从而使系统能够快速地响应外部扰动和参数变化。

在 MRAC 中，系统被建模为一组线性动态方程，其中包括控制输入、状态变量和未知参数。控制器被设计为与参考模型相匹配，并通过调整控制输入来使系统跟踪参考模型。通过对参考模型和未知参数进行适当选择，可以设计出一种稳定且快速响应的自适应控制器。

在 MRAC 方法中，控制器的参数根据参考模型和实际被控对象的动态特性进行自适应调整。这种方法可以提高系统的跟踪性能和鲁棒性，但需要准确的模型参考。

自适应增益 PID 控制是一种 PID 控制方法，它可以自适应地调整 PID 控制器的增益参数，以适应系统参数的变化。AGC 可以提高 PID 控制器的鲁棒性和性能，特别是在系统参数难以测量或变化较快的情况下。

在 AGC 中，PID 控制器的增益参数被视为未知的系统参数，并通过在线估计来确定。控制器的增益参数可以通过最小二乘法或其他在线参数估计技术进行估计。在控制过程中，控制器的增益参数会自适应地调整以适应系统参数的变化，从而实现更好的控制性能。

在 AGC 方法中，控制器的增益根据系统的实际动态特性进行自适应调整。这种方法可以适用于各种不同的系统，并且不需要准确的模型参考，但是可能存在控制器收敛速度慢的问题。

总的来说，自适应 PID 控制方法可以提高 PID 控制器的性能和鲁棒性，并且适用于各种不同的控制系统。但是需要根据具体的应用场景选择适当的自适应 PID 控制方法，并对控制器进行仔细调参和测试，以确保系统的稳定性和性能。

气体压力自适应 PID 控制方法是一种基于 PID 控制器的气体压力控制方法，它可以根据气体系统的实际动态特性进行自适应调整，以提高气体压力控制系统的性能和稳定性。

在气体压力控制系统中，PID 控制器的作用是根据设定的压力值和实际的压力反馈信号来控制执行机构（如阀门）的开度，以调整气体压力。但是，气体系统的动态特性会随着环境和工作条件的变化而改变，这就需要控制器能够自适应地调整控制参数。

气体压力自适应 PID 控制方法可以通过以下步骤实现：

① 确定气体系统的动态特性，包括气体流量、压力变化等参数；

② 根据气体系统的动态特性，选择适当的自适应 PID 控制算法，例如模型参考自适应控制（MRAC）或自适应增益 PID 控制（AGC）等；

③ 根据控制系统的性能需求，调整 PID 控制器的参数，例如比例系数、积分时间和微分时间等；

④ 在控制系统运行过程中，实时采集气体压力的反馈信号，通过 PID 控制器计算出控制量，然后根据自适应算法调整 PID 控制器的参数；

⑤ 通过气体压力自适应 PID 控制方法，可以提高气体压力控制系统的鲁棒性和响应速度，实现更加精确和稳定的气体压力控制。

　　根据本研究结果和试验分析可知，精密调压阀输出压力波动幅度不能超出±1kPa，因此必须进行精密气压控制技术研究。

　　自适应 PID 控制系统的优势在于它包含性能指标闭环。从本质上讲，自适应 PID 控制系统具有"辨识-决策-调节"的功能，即不断测取系统的信号和参数，并加以处理，以获得系统状态；根据所辨识的系统状态和事先给定的准则做出决策，包括系统的自适应算法；对决策计算的控制参量不断地修正，并由相应的执行装置来实现。将计算机引入 PID 控制系统，可以充分利用计算机在对采集数据加以分析并根据所得结果作出逻辑判断等方面的能力，编制出符合某种技术要求的控制程序、管理程序，实现对被控参数的控制与管理。在计算机 PID 控制系统中，控制规律的实现，是通过软件来完成的。欲改变控制规律，只要改变相应的程序即可，这是模拟 PID 控制系统所无法比拟的。直接数字控制（简称 DDC）系统是计算机用于过程控制的最典型的一种系统，通过输入通道对一个或多个物理量进行检测，并根据确定的控制算法进行计算，然后通过输出通道直接控制执行机构，使各被控量达到预定的要求。DDC 系统中计算机参加闭环控制，它不仅完全取代模拟调节器，实现多回路的 PID 控制，而且通过改变程序能有效地实现复杂的控制，如前馈控制、串级控制、非线性控制、自适应控制和最优控制等。

　　本书建立了以计算机为调节器的自适应 PID 控制系统，完成气体压力的精密控制，能够感知环境条件的变化，并自动校正控制动作，使系统达到最优的控制效果，如图 3-14 所示。

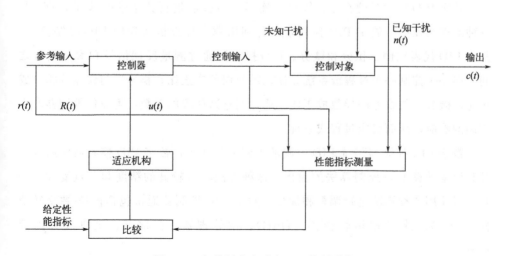

图 3-14　气体压力自适应 PID 控制系统

设被控对象的数学模型为：

$$A(z^{-1})y(k)=z^{-d}B(z^{-1})u(k)+C(z^{-1})e(k) \tag{3-24}$$

$$A(z^{-1})=1+a_1z^{-1}+\cdots+a_nz^{-n}$$

$$B(z^{-1})=b_0+b_1z^{-1}+\cdots+b_nz^{-n}$$

$$C(z^{-1})=1+c_1z^{-1}+\cdots+c_nz^{-n}$$

式中　d——滞后时间；

　$e(k)$——零均值白噪声序列；

　z^{-1}——后移算子，即 $z^{-1}y(k)=y(k)-i$。

可以将式(3-24) 改写为：

$$C(z^{-1})=A(z^{-1})F(z^{-1})+z^{-d}G(z^{-1}) \tag{3-25}$$

$$F(z^{-1})=1+f_1z^{-1}+\cdots+f_nz^{-n}$$

$$G(z^{-1})=g_0+g_1z^{-1}+\cdots+g_nz^{-n}$$

对于压力调节阀，最小方差控制率可简化为：

$$u(k)=-\frac{Gy(k)}{FB} \tag{3-26}$$

式中　G——传递函数；

　FB——反馈路径。

对象的稳态输出为：

$$y(k)=F(z^{-1})e(k) \tag{3-27}$$

气体压力 PID 控制程序框图如图 3-15 所示。

数字 PID 控制是建在用计算机对连续 PID 控制进行数字模拟基础上的，是一种准连续控制。数字 PID 控制是一种利用数字计算机实现的 PID 控制算法，其中 PID 代表比例、积分和微分。PID 控制器通过测量反馈信号和参考信号之间的误差来控制一个过程或系统。比例项与误差成正比，积分项与误差的积分成正比，微分项与误差的导数成正比。通过调整这些项的系数，可以使控制器产生正确的响应，从而稳定过程或系统。

数字 PID 控制与传统 PID 控制的不同之处在于，数字 PID 控制器使用数字计算机来计算 PID 控制算法的输出。这种方法具有较高的精度和可重复性，并且可以使用各种算法进行调整和优化。数字 PID 控制器通常包括模拟-数字转换器（ADC）、数字-模拟转换器（DAC）、微处理器、存储器、运算放大器等部分。

① 模拟-数字转换器（ADC）。将模拟信号转换为数字信号，以便数字计算

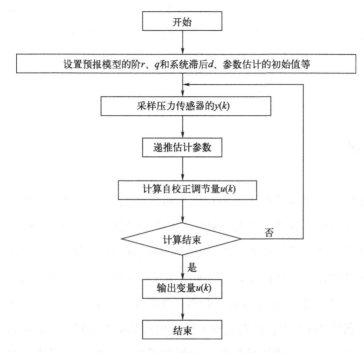

图 3-15　气体压力 PID 控制程序框图

机可以对其进行处理。

② 数字-模拟转换器（DAC）。将数字信号转换为模拟信号，以便输出到控制对象或执行器上。

③ 微处理器。负责执行 PID 算法，计算控制信号，并输出到 DAC 上。

④ 存储器。用于存储 PID 控制算法所需的参数和其他数据。

⑤ 运算放大器。用于放大和处理输入和输出信号。

对于数字 PID 算法来说，采样周期越小，数字模拟越精确，控制效果越接近连续控制，而对某些变化缓慢的受控对象无需很高的采样频率即可满意地进行跟踪。根据奈奎斯特采样定律，采样周期必须小于信号频率成分中最高频率分量周期的一半。实际应用中，确定采样周期需要考虑给定值的变化频率、被控对象的特性、控制算法和执行机构的特性等，对于本书气压控制系统，给定值为常量，压力变化缓慢，因此采样周期取 1s。

选择控制算法的参数，要根据具体过程的要求来考虑。一般讲，要求被控过程是稳定的，能迅速和准确地跟踪给定值的变化，操作变量不宜过大，在系统与环境参数发生变化时控制应保持稳定。常用的控制参数确定方法有理论计算法和工程整定法。理论计算法的前提是获得被控对象准确的数学模型，这在工业过程中很难做到。而工程整定法的最大优点是整定控制参数时不依赖对象的数学模型，直接在控制系统中进行现场整定，简单易行。本书采用归一参数整定法，改变比例系数并检测气体压力，直到满意为止。

3.6
本章小结

　　气悬浮平台在悬浮过程中是利用气压将工件与平台分离开，实现悬浮的功能，具有悬浮力小和所需气压大的缺点。本章通过仿生结构设计搭建气悬浮平台提升悬浮升力、减少悬浮所需气压。根据长耳鸮翅膀生理结构特征建立结构映射模型。通过结构设计的理论计算公式和结构尺寸参数建立仿生模型。采用 FLU-ENT 仿真软件对结构模型进行仿真分析，然后采用遗传算法对结构参数进行优化。最后，利用 3D 打印机制造试验工件，在此基础上搭建试验台，同时设计对比实验，将试验台的实验结果与理论计算结果进行对比，结果表明在相同气压下，V 形表面的悬浮工件所具有的悬浮力和所需气压最优。

　　根据悬浮转子的要求和流体力学的理论分析，重点论述了气体静压球面轴承的力学模型，它是悬浮转子稳定性分析的基础。分析了球面轴承失稳现象，研究表明供气压力的波动和节流器的负阻尼是影响转子稳定性的主要因素，提出了稳定性控制技术并指导球面节流器的设计。

　　研制了气体压力自适应 PID 控制系统，由计算机检测气体压力，经过自适应 PID 控制调节减压阀的输出，实现供气压力的闭环控制。测量结果可以看出，球面节流器输出的压力分布是均匀的，压力波动小于 1%，说明该控制系统是精确的。

第4章
动平衡测量信号处理方法研究

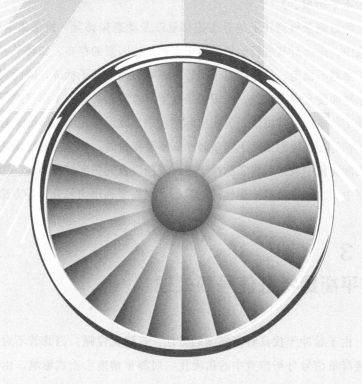

4.1
引言

动平衡特征信号测量在于去除干扰信号，提高动平衡检测的精度，通常测量信号中除不平衡信号外，还存在很多噪声等的干扰。特别是在平衡精度要求较高的情况下，不平衡量比较小，信号干扰相对恶劣，导致动平衡测量精度和稳定性下降，更无法提高动平衡技术指标中的最小剩余不平衡量。因此如何保证测量信号的准确性是动平衡检测的关键所在。

4.2
动平衡检测信号的特点

本书设计的气悬浮动平衡检测平台，采用位移传感器测量悬浮盘偏离基准面的偏离量，再根据转子与静不平衡量、偶不平衡量的线性关系进行计算，得出转子的不平衡量。

经过测量得到转子的静态偏移量以及动态偏移量，将采集卡中的数据输入计算机中，进而对其进行运算，由于多种干扰因素的存在，如转子运动姿态扰动、位移传感器不稳定、信号线由于附近电磁噪声而受到干扰等，因而测量所得基准面的水平平面度会存在误差。在理想条件下，对转子的静不平衡量进行测量时，传感器的输出状态应保持恒定，但在实际测量中，波形存在随机脉冲干扰以及微量谐波振动干扰等。在理想条件下测量转子偶不平衡量时，传感器的输出理论上是谐波，而在实际测量中波形包含了脉冲干扰、近频以及高频谐波振动等。为了能够从采集的数据中选出有价值且准确性高的数据，则需要利用信号分析等方法消除各种干扰。

4.3
不平衡量特征信号预处理

由于脉冲干扰具有高强度的特性，且随机性强，因此若不对其进行消除，会直接降低信号分析带宽中的信噪比，对测量精度会造成影响。由于噪声干扰点及其强度的随机性，因而频谱相对不稳定。正常状态时，相邻两点之间数值的变化维持在一定范围内，脉冲噪声会使数值出现异常跳跃。当相邻两点的波动量超过其平均值 3 倍时，称为脉冲干扰。对该点进行调整能够使波动量降低到平均值的 2 倍。

假设离散序列为 $\{x_i\}$，$i=0$，1，$\cdots$，$N-1$（N 为正整数），相邻两点的波动量平均值为：

$$V=\frac{\sum_{i=0}^{i=N-2}|x_{i+1}-x_i|}{N-1} \tag{4-1}$$

式中　V——表示计算得到相邻两点的波动量平均值；

　　　i——表示元素的索引，从 0 开始，最大值为 $N-2$；

　　　x_i——表示数列中的第 i 个元素。

假设 $k_2=3$，连续的三点为 x_{i-1}、x_{i+1}、x_i，x_i 为波峰或者波谷，并且 x_{i-1}、x_{i+1}、x_i 三点的波动量情况如下：

$$\begin{cases}|x_i-x_{i-1}|>k_2V\\|x_i-x_{i+1}|>k_2V\end{cases} \tag{4-2}$$

如果该点有脉冲信号的干扰，可以按照下述条件进行调整：

$$\begin{cases}|x_i-x_{i-1}|<(k_2-1)V\\|x_i-x_{i+1}|<(k_2-1)V\end{cases} \tag{4-3}$$

公式中的 k 值，可以根据噪声干扰的实际情况进行适当调整。当采样点用直线连接起来成为折线时，可以找到一些尖点，利用二次磨光方法对其进行处理。磨光方法指的是一种适应凸度要求的曲线拟合方法。对其进行研究分析得出结论，通过该方法能够有效解决部分形状的设计问题，将得到的数据按一定规律连接成折线，其基本近似于实际信号。但随机干扰致使折线上存在尖点，导致信号波形不具备良好的平滑度。由于折线具有令人满意的近似性和凹凸性等特性，因此应使用磨光方法通过原始数据来改善折线平滑度。

通常我们将积分运算看作是一种"平滑"运算，它能够将无界函数变成有界函数，能够使不连续函数变成连续函数，使粗糙函数变成平滑函数，求导结果同积分运算结果相反。对于收集的信号数据构成的折线，不仅需要使其平滑，而且还要使平滑后的函数不会相对于原始折线发生过大偏离。通过折线函数进行一次积分，来使折线平滑，为了避免差异过大，再进行一次差商运算。

假设折线函数为 $f_1(x)$，$\overline{V}$ 为波动量的平均值，h 为不平滑度，按照上述做

法进行计算得:

$$f_2(x) = \frac{\overline{V}}{h} \int f_2(x) \mathrm{d}x \approx \frac{\mathrm{d}}{\mathrm{d}x} \int f_1(x) \mathrm{d}x = f_1(x) \tag{4-4}$$

上式中 h 越小, $f_2(x)$ 越近似等于 $f_1(x)$。再由 $f_2(x)$ 可以推导出平滑函数 $f_3(x)$:

$$f_3(x) = \frac{\overline{V}}{h} \int f_2(x) \mathrm{d}x = \left(\frac{\overline{V}}{h}\right)^2 \iint f_1(x) \mathrm{d}x \mathrm{d}x \tag{4-5}$$

通常情况下, $f_2(x)$ 是折线函数 $f_1(x)$ 的一次磨光函数, $f_3(x)$ 是折线函数 $f_2(x)$ 的二次磨光函数, 且 $f_1(x)$、$f_3(x)$ 具有凹凸特性。函数进行第二次磨光时, 一般情况下选择自由边界处理方法, 即通过线性外延法获得延拓型值点, 在此基础上确保曲线通过边界型值点。

设输入的信号为 x_i, 则第二次磨光函数如下:

$$f_3(x) = \frac{x_{i-1}}{6} + \frac{2x_i}{3} + \frac{x_{i+1}}{6} \quad (i = 0, 1, \cdots, N-1) \tag{4-6}$$

4.4
小波降噪理论

小波降噪是一种常用的信号降噪方法, 它可以通过将信号转换为小波域进行表示来去除信号中的噪声, 而保留信号中的重要信息。以下是关于小波降噪的详细介绍:

(1) 小波变换

小波变换是一种用于将信号转换为小波域进行表示的方法。在小波变换中, 信号被分解为不同尺度的小波基函数的线性组合。小波基函数是由一个母小波函数通过平移和缩放而得到的。

(2) 小波降噪原理

小波降噪的原理是基于小波变换的多尺度分解和重构。具体来说, 小波降噪包括以下步骤:

① 将原始信号进行小波变换, 得到小波系数;

② 对小波系数进行阈值处理, 将小于某个阈值的系数置为 0, 而保留大于该阈值的系数;

③ 对处理后的小波系数进行反变换，得到去噪后的信号。

在这个过程中，选择适当的阈值非常关键，因为它可以控制去噪程度。通常情况下，可以使用软阈值或硬阈值方法进行小波系数的阈值处理。软阈值方法会将小于阈值的系数按比例缩小，而硬阈值方法会将小于阈值的系数直接置为 0。

（3）小波降噪的应用

小波降噪可以应用于各种领域，例如音频处理、图像处理、视频处理、生物信号处理等。在音频处理中，小波降噪可以去除噪声，提高音质。在图像处理中，小波降噪可以去除图像中的噪点，提高图像的清晰度。在生物信号处理中，小波降噪可以去除生物信号中的噪声，提高信号的可读性和可分析性。

有许多方法可以分离和收集信号中的噪声。常用的方法是将信号转换到频率，然后用相应的算法处理收集的信号。然而，当有用信号和噪声干扰信号处于相同频率或接近频率时，滤波方法无效。由于小波分析具有多尺度特点，因此能够按照信号的频率分布匹配相应的变换尺度，理论上在此前提下任意频率范围内的信号均可获得。在此基础上近频信号以及同频信号之间的干扰都能够被消除。此外，当收集的信号异常时，可以知道奇异点的时间，并有效地去除噪声干扰。此外，小波变换可以保留信号细节，其被称为信号的"放大镜"。该方法为动平衡在线检测设备提供了理论支撑。因而本书利用小波变换技术来对不平衡振动信号的噪声进行消除。

1988 年，Mallat 提出小波多分辨率分析（mufti-resolution analysis，MRA）方法，称为信号的小波分解。同时利用该方法对不同空间水平的信号进行分解。信号会被分解成为近似信号、高频细节信号。小波多分辨率分析只对信号的低频空间进行进一步分解，在下一次分解时不会对其高频空间进行考虑。小波分解三层结构如图 4-1 所示。

根据上述算法，假设函数 $\psi(t) \in L1 \bigcap L2(R)$，并且 $\overline{\psi}(0)=0$，即 $\int_{-\infty}^{+\infty} \psi(t)\mathrm{d}t=0$，称为母小波，对母小波做伸缩，然后再做平移得：

$$\psi_{a,b}(t)=\frac{1}{\sqrt{|a|}}\psi\left(\frac{t-b}{a}\right), a, b \in R, a \neq 0 \tag{4-7}$$

式中　$\psi_{a,b}(t)$——小波函数；

　　　　a——尺度因子；

　　　　b——平移因子。

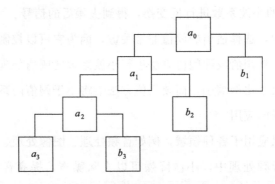

图 4-1　小波分解三层结构

生产实践中，若 $a > 0$，则定义 $\psi_{a,b}(t)$ 中，在尺度因子 a 的作用下，基本小波 $\psi(t)$ 发生伸缩。a 变大，且 $\psi\left(\dfrac{t}{a}\right)$ 变宽，小波持续时间也会增加，幅度增加，$\sqrt{a}$ 减小，二者成反比，小波波形状态不变。其中 $||\psi_{a,b}(t)||_2 = ||\psi(t)||_2$。

在连续小波变换中，$\psi(t)$ 是基本小波，$\psi_{a,b}(t)$ 是连续小波函数。对于 $f(t) \in L^2(R)$，积分小波变换被定义为：

$$WT_f(a,b) = \frac{1}{\sqrt{|a|}} \int_{-\infty}^{+\infty} f(t)\psi\left(\frac{t-b}{a}\right) dt = \langle f, \psi_{a,b}\rangle \tag{4-8}$$

将连续小波变换写成卷积表达式为：

$$WT_f(a,b) = \frac{1}{\sqrt{|a|}} \int_{-\infty}^{+\infty} f(t)\psi^*\left(\frac{t-b}{a}\right) dt = \sqrt{|a|}\, f * \left[\overline{\psi}_{|a|}(b)\right] \tag{4-9}$$

式中　$\psi^*(t)$——$\psi(t)$ 的复共轭。

在公式(4-9)中，$a \neq 0, b, t$ 为连续变量，$\psi^*(t)$ 为 $\psi(t)$ 的复共轭，因此小波变换可以看成信号的卷积运算。

$$\overline{\psi}_{|a|}(t) = \frac{\psi^*\left(\dfrac{-t}{a}\right)}{a} \tag{4-10}$$

连续小波变换表达式中，设 $a = 2^{-j}$，$b = k \times 2^{-j}$，$j, k \in z$，离散小波为：

$$\overline{\psi}_{a,b}(t) = 2^{\frac{j}{2}} \psi(2^j t - k) \tag{4-11}$$

对应的离散小波变换可写成：

$$WT_f(j,k) = \langle f, \psi_{j,k}\rangle = 2^{\frac{j}{2}} \int_{-\infty}^{+\infty} f(t)\psi^*(2^j - k) dt \tag{4-12}$$

相对于标准傅里叶变换，小波基函数具有多样化，小波基具备不同的对称性以及消失性等特性。因此能够在时域和频域中体现出不同的表征信号的局部特性能力。随着表征信号局部特征增强，检测信号的瞬态或奇异点优势越明显。针对特定小波基，当顺序发生改变时，表征信号的局部特征能力随之改变。表征信号的局部特征能力随着阶数的升高而变强，同时相应的计算复杂度随之增大。所以小波基的选择是重中之重，本书利用实验数据判断小波基函数的优缺点。常见的小波基函数如下：Haar 小波、Daubechies 小波、Symlets 小波、Coiflet 小波、Morlet 小波、Marr 小波。

小波去噪基本方法主要有：利用小波变换去噪，基于小波系数相关性去噪（SSNF），利用非线性小波变换阈值法去噪，平移不变小波去噪。此外，还有基于投影原理的匹配跟踪去噪和多小波去噪。模数极大值方法主要适用于信号中的白噪声，这种信号中有更多的奇点。在小波系数尺度相关性的基础上，SSNF 方法去噪效果明显，它通常被应用于高信噪比情况，该方法计算量大，同时要对噪声的方差进行估计。小波收缩阈值法能够基本完全抑制噪声，不影响原始信号特征尖峰。计算速度相对较快，即算法的执行时间与问题规模成线性关系。通过阈值方法来获得的去噪信号是对于原始信号的最佳估计，估计信号具有和原始信号一致的平滑度，同时不存在其他干扰信号。不足之处在于去噪效果由信噪比大小决定。信号不连续处的区间，容易导致伪吉布斯现象产生，阈值的选择会很大程度上影响去噪效果，平移不变小波去噪与阈值法相比，能更好地去除伪吉布斯现象，尽量缩小均方根误差，使信噪比提高，缺点是计算速度相对慢。本书采用阈值法对动平衡检测试验台信号进行降噪处理。

4.5
动平衡测量信号处理方法研究

4.5.1　FIR 数字滤波

FIR（有限冲激响应）滤波是常用的数字滤波方法之一，其最大优点是能保持相位不失真。FIR 数字滤波的难点在于确定单位脉冲响应 $h(k)$。

FIR 数字滤波器是一种基于数字信号处理技术实现的滤波器，它可以通过对输入信号进行离散时间域卷积来实现滤波操作。FIR 滤波器的特点是具有线性相位和稳定性，并且可以设计成任意的幅频响应，因此在数字信号处理中得到了广泛应用。

FIR 滤波器的设计过程主要包括两个步骤：滤波器的理论设计和滤波器的实现。在理论设计中，可以根据需要的幅频响应和滤波器的长度来确定滤波器的系数，常用的设计方法包括窗函数法、最小二乘法和均衡器法等。在实现方面，可以采用直接形式、级联形式和线性相位形式等多种结构实现 FIR 滤波器。

FIR 滤波器的应用十分广泛，例如语音处理、音频处理、图像处理、雷达信号处理等。在语音处理中，FIR 滤波器可以用于去除背景噪声和共振谐波等；在音频处理中，FIR 滤波器可以用于均衡和音效处理等；在图像处理中，FIR 滤波器可以用于去除噪声和锐化图像等；在雷达信号处理中，FIR 滤波器可以用于目标检测和距离测量等。

总之，FIR 数字滤波器是数字信号处理中常用的滤波器之一，具有线性相位、稳定性和任意幅频响应的优点，可以广泛应用于语音处理、音频处理、图像处理和雷达信号处理等领域。

4.5.2　FIR 数字滤波算法

FIR 数字滤波算法是一种基于数字信号处理技术实现的滤波算法，它利用离散时间域卷积的原理对数字信号进行滤波处理。FIR 滤波器由一组系数和一组存储单元构成，通过对输入信号和滤波器系数进行卷积计算得到滤波后的输出信号。

FIR 数字滤波算法的主要步骤如下。

① 设计滤波器系数。根据需要的幅频响应和滤波器的长度，采用窗函数法、最小二乘法、均衡器法等设计方法计算滤波器系数。

② 初始化存储单元。将存储单元中的所有值初始化为 0，准备开始卷积计算。

③ 输入信号卷积。将输入信号和滤波器系数进行卷积计算，得到一个卷积结果。

④ 更新存储单元。将卷积结果存入存储单元中，同时将存储单元中的值向后移动一个位置。

⑤ 输出信号生成。根据存储单元中的值计算输出信号，并将其作为滤波器的输出。

⑥ 重复执行卷积操作，直到输入信号处理完毕为止。

采用非递归方法，FIR 滤波的输出 $y(n)$ 只与输入 $x(n)$ 有关，其差分方程式为：

$$y(n) = \sum_{k=0}^{m-1} h(k)x(n-k)(n=0,1,\cdots,N-1) \tag{4-13}$$

式中　$h(k)$ ——单位脉冲响应。

当 $k \in [0, m-1]$ 时不为 0，其余等于 0。假定输入信号 $x(n)$ 的理想信号为 $y_0(n)$，则滤波的目的是确定 $h(k)$，使得 $y(n)$ 最接近 $y_0(n)$，即：

$$E[e^2(n)] = E\{[y_0(n)-y(n)]^2\} \tag{4-14}$$

式中　$y_0(n)$ ——假定输入信号 $x(n)$ 的理想信号；

　　　$e(n)$ ——误差。

FIR 数字滤波算法的优点包括：线性相位、稳定性和易于实现等。可以通过多种结构实现，如直接形式、级联形式和线性相位形式等。FIR 数字滤波算法在语音处理、音频处理、图像处理和雷达信号处理等领域得到广泛应用。

4.5.3　遗传算法优化单位脉冲响应

(1) 确定设计变量及其取值范围

以单位脉冲响应 $h(k)$ 作为设计变量，取值范围：$[-1,1]$，采用 10 位二进制格雷码表示。

(2) 适应度函数

对滤波输出信号进行快速傅里叶变换（FFT），以工作频率 f_0 对应的幅值 $\text{Mag}(f_0)$ 与所有频率 $f_i(i=0,1,\cdots,N)$（N 表示主要频率成分的数目，通常取 3～7）对应的幅值和之比定义适应度，函数如下：

$$f(h) = \frac{\text{Mag}(f_0)}{\sum_{i=0}^{N-1} \text{Mag}(f_i)} \tag{4-15}$$

式中　f_0 ——工作频率，Hz；

　　　$f(h)$ ——适应度；

　　$\text{Mag}(f_0)$ ——工作频率 f_0 对应的幅值。

滤波输出信号与理想信号越接近，适应度越大。

（3）系统流程

首先将单位脉冲响应 $h(k)$ 作为设计变量，设定群体规模、进化代数等遗传算法参数，定义适应度函数，并产生初始群体。然后进行基本遗传操作和迭代，最后得到优化的单位脉冲响应 $h(k)$。

4.5.4 相关参数对计算结果的影响

（1）提高进化代数

将进化代数提高至 1000，最大适应度为 0.9，出现在第 609 次进化时，与进化代数 500（下称标准状态）相比，没有改进。

（2）调整变异概率

取 $P_m=0.0001$，最大适应度为 0.85，出现在第 218 次进化时，与变异概率为 0.0005 相比，有所降低，说明适当增大变异概率可以提高个体的多样性和优化效果。

（3）群体规模

M 取 50，最大适应度为 0.879，出现在第 329 次进化时，与标准状态相比，最大适应度降低了。M 取 500，最大适应度为 0.899，出现在第 480 次进化时，与标准状态相当。

（4）单位脉冲响应数目

$h(k)$ 的数目取 16，最大适应度为 0.94，出现在第 274 次进化时，与标准状态相比，适应度略有增加。

（5）噪声强度

噪声幅值提高一倍，最大适应度为 0.786，出现在第 133 次进化时，与标准状态相比，降低很多。

从上述计算结果可以看出，混有高斯噪声的信号采用遗传算法进行 FIR 滤波时，必须进行预处理，本书采用的周期平均法和二次磨光法是非常有效的预处理方法。另外约束条件、GA 参数等的设定直接影响计算结果和效率，一味地增加群体规模、设计变量数目、改变进化代数等并不能有效提高计算精度，搜索效率需要经过多次探索才能达到预期目的。噪声幅值太大将制约遗传算法的计算效果，因此需要采取措施降低噪声。另外，经过 FIR 数字滤波信号的幅值变化较大，而且与干扰噪声的频率有关，因此需要进行标定以建立被测物理量与滤波输出信号幅值间的线性关系。

4.5.5　基于遗传算法的信号识别技术

基于遗传算法的信号识别技术是一种将遗传算法应用于信号处理领域的技术。遗传算法是一种基于生物进化理论的优化算法，它通过模拟自然选择、交叉、变异等生物进化过程来搜索问题的最优解。而信号识别则是指在一个信号集合中，通过对信号的特征进行提取、分类、识别等处理过程，确定信号的类型、来源、状态等。

① 需要将信号转换为数字信号，并通过一系列预处理操作，将信号的特征提取出来。例如，对于声音信号，可以通过快速傅里叶变换（FFT）将声音信号转换为频谱图，再提取出频谱图的幅度、频率等特征。对于图像信号，可以通过离散小波变换（DWT）将图像信号转换为小波系数，再提取出小波系数的能量、方差等特征。

② 使用遗传算法对信号进行分类或识别。具体来说，首先需要确定问题的适应度函数，即衡量解的优劣的指标。在信号识别中，适应度函数通常用来分类或识别准确率。然后，通过遗传算法对特征空间进行搜索，找到最优的分类或识别模型。在遗传算法的进化过程中，个体被表示为一个染色体，染色体中的基因表示分类或识别模型的参数。遗传算法通过不断地选择、交叉、变异等操作，从而搜索出最优解，即最优的分类或识别模型。

③ 通过将最优的分类或识别模型应用于未知信号的特征提取和分类或识别，从而完成信号识别任务。例如，通过将最优的分类模型应用于未知声音信号的频谱图，即可将该信号分为某一类别，如语音、音乐、噪声等。

基于遗传算法的信号识别技术具有一定的优势。首先，遗传算法具有很好的全局搜索能力，可以找到问题的全局最优解。其次，遗传算法可以对问题进行优化，通过不断进化来寻找最优解，而不是仅仅通过数学公式进行推导。最后，基于遗传算法的信号识别技术可以应用于多种信号识别场景，如声音识别、图像识别等，具有很好的通用性。

信号识别是从混有噪声的信号中得到理想信号主要参数的过程，针对谐波信号要求得到各频率成分及其幅值和初相位。设 $y(t)$ 为实测信号，其方程式为：

$$y(t) = \sum_{i=0}^{m} A_i \cos(2\pi f_i t + \phi_i) + n(t) \tag{4-16}$$

式中　A_i、f_i、ϕ_i——各频率成分的幅值、频率和初相位；

　　　　$n(t)$——噪声，通常假定 $n(t)$ 服从高斯正态分布。

A_i、f_i、ϕ_i 是信号识别的对象。假定识别出的合成信号为 $y_0(t)$，则要求 $y_0(t)$ 最接近 $y(t)$，即：

$$E[e^2(t)] = E\{[y_0(t) - y(t)]^2\} \tag{4-17}$$

式中　$e(t)$——误差。

4.5.6　信号识别的实现过程

(1) 确定设计变量及其取值范围

首先进行 FFT，确定实测信号的频谱组成，然后以每条谱线对应的幅值 A_i 和初相位 ϕ_i 作为设计变量。

设 $y(n)$ 为实测离散数值，可按下式计算 A_i：

$$A_i = \frac{A_{\max} - A_{\min}}{2} \times \frac{\text{Mag}(f_i)}{\sum_{j=0}^{j=m-1} \text{Mag}(f_j)} \tag{4-18}$$

式中　A_i——频率为 f_i 的信号的初始幅值；

　　$A_{\max}$——离散数值最大值；

　　$A_{\min}$——离散数值最小值；

$\text{Mag}(f_i)$——经过 FFT 后频率 f_i 的幅值；

　　　m——主要识别的频率数，通常取 $3 \sim 7$。

幅值的取值范围为 $[0.5A_i, 1.5A_i]$，初相位的取值范围 $[0°, 360°]$。通常采用 10 位二进制表示，幅值间距为 $A_i/1024$，初相位间距为 $0.35°$。

(2) 适应度函数

以识别的合成输出信号与实测信号差的平方均值的倒数定义适应度函数，如下：

$$f(A, \phi) = \frac{N}{\sum_{n=0}^{N-1} [y(n) - y_0(n)]^2} \tag{4-19}$$

式中　N——离散点数。

（3）系统流程

① 对采集的数据进行预处理，剔除脉冲干扰，采用二次磨光法降低随机噪声的影响；

② 对数据进行快速傅里叶变换，分析采集数据的频率成分，将主要频率成分的幅值和初相位、直流分量定义为设计变量；

③ 设定遗传算法的参数，定义适应度函数，并产生初始群体；

④ 经过迭代和基本遗传操作得到所需信号的幅值、频率和初相位。

4.5.7　相关参数对计算结果的影响

（1）提高进化代数和群体规模

将进化代数提高至 1000，最大适应度为 2.02，识别出频率为 1Hz 的信号幅值为 10.02，初相位为 0°；频率为 0.5Hz 的信号幅值为 2.06，初相位为 60.18°；频率为 1.5Hz 的信号幅值为 1.9，初相位为 30.62°。与进化代数为 500（以下称标准状态）相比，改进不大。

M 取 200，最大适应度为 2.03，识别出频率为 1Hz 的信号幅值为 10.05，初相位为 0°；频率为 0.5Hz 的信号幅值为 2.09，初相位为 61.94°；频率为 1.5Hz 的信号幅值为 1.93，初相位为 30.62°。与标准状态相比，改进不大。

（2）调整变异概率

取 $P_m = 0.0001$，最大适应度为 1.97，识别出频率为 1Hz 的信号幅值为 10.08，初相位为 359.65°；频率为 0.5Hz 的信号幅值为 2.05，初相位为 57.71°；频率为 1.5Hz 的信号幅值为 2.01，初相位为 31.67°。与标准状态相比，略有下降。

（3）噪声强度

噪声幅值提高一倍，最大适应度为 0.5，识别出频率为 1Hz 的信号幅值为 10.17，初相位为 0.7°；频率为 0.5Hz 的信号幅值为 2.15，初相位为 63.4°；频率为 1.5Hz 的信号幅值为 2.0，初相位为 30.26°。与标准状态相比，有较大降低。经过三遍二次磨光预处理，最大适应度为 0.86，识别出频率为 1Hz 的信号幅值为 10.0，初相位为 0.35°；频率为 0.5Hz 的信号幅值为 1.91，初相位为

62.29°；频率为 1.5Hz 的信号幅值为 1.97，初相位为 31.6°。但继续增加二次磨光预处理的遍数，识别误差将增大，这是二次磨光预处理使处理后的数据逐渐远离原始数据所致。

4.6
动平衡信号的去噪处理

4.6.1　阈值法去噪

阈值法去噪是一种常见的数字信号处理方法，用于去除信号中的噪声。它基于以下假设：信号的主要成分具有比噪声更高的幅度值。因此，如果将信号中的幅度值低于某个阈值的部分设为零，可以有效地去除噪声，同时保留信号的主要成分。

阈值法去噪通常分为两类：固定阈值和自适应阈值。固定阈值是指使用一个固定的阈值来去除信号中的噪声，而自适应阈值则是根据信号的局部特性和噪声的统计特性来自动确定阈值。

（1）固定阈值法的步骤

① 选择一个适当的阈值；

② 对信号进行小波变换，将信号转换为小波域；

③ 在小波域中，将幅度值小于阈值的系数设为零；

④ 对处理后的小波系数进行反变换，得到去噪后的信号。

（2）自适应阈值法的步骤

① 将信号分成一些重叠的局部区域；

② 对每个局部区域进行噪声估计，得到一个适当的阈值；

③ 对每个局部区域进行阈值处理，将幅度值小于阈值的系数设为零；

④ 对处理后的小波系数进行反变换，得到去噪后的信号。

阈值法去噪在很多领域都有应用，例如图像处理、音频处理、生物信号处理等。

小波阈值去噪是一种常用的数字信号处理方法，常用于去除信号中的噪声。

它基于小波变换的性质，利用小波变换将信号分解为不同频率的子带，然后对每个子带进行阈值处理，最后将处理后的子带合并起来得到去噪后的信号。小波分解，选出最优小波基以及小波分解层数，利用其变换产生噪声信号，进而得到小波系数。系数的非线性阈值处理，通过确定合适的阈值函数从而确定阈值范围，在此基础上比较噪声信号的小波系数和相应阈值，进而获得新的小波系数。逆小波变换用于实现信号重构，通过最终小波系数以及低频缩放系数来实现逆小波变换，最终得到原始信号估计值。阈值的选择会很大程度影响去噪效果。通过原始信号来确定阈值，也可通过样本估计对阈值进行选择。

从原始信号确定所有级别的阈值。根据原始信号噪声强度来确定阈值的主要数学模型：缺省阈值，Birge-Massart 策略用以确定阈值，Birge-Massart 策略是一种用于控制机器学习模型的过拟合风险的正则化方法。该策略可以应用于各种类型的机器学习模型，例如线性模型、神经网络和决策树等。Birge-Massart 策略通过在模型的损失函数中添加一个正则化项，来惩罚模型中复杂性较高的部分。这个正则化项通常采用 L1 或 L2 正则化方法，以避免模型过度拟合训练数据，并提高模型在测试数据上的性能。Birge-Massart 策略的名称来自统计学家 Christian Birge 和 Pierre Massart。该策略被广泛应用于机器学习中，特别是在深度学习领域中，以减少过拟合风险并提高模型的泛化能力。在一些非线性模型中，例如神经网络和决策树等，penalty 阈值可以表示为一些超参数，例如学习率、节点剪枝参数等，用于控制模型的复杂度和拟合程度。

选择合适的 penalty 阈值对于训练高性能的机器学习模型至关重要，一般可以通过交叉验证等方法来选择最优的 penalty 阈值。

（3）基于样本估计选择阈值。

① rigrsure 阈值法。rigrsure（rigorous universal sure thresholding）是小波去噪中一种自适应阈值法。rigrsure 阈值法是一种基于小波阈值去噪的方法，其目的是从含有噪声的信号中提取出真实信号，同时保留信号的细节和特征。

在小波去噪中，rigrsure 阈值法可以自适应地选择最佳的阈值，从而避免了手动选择阈值的问题。该方法利用了小波系数的统计性质和信号噪声的特征，通过求解一个关于阈值的方程来确定最佳阈值。

具体而言，rigrsure 阈值法中，将信号进行小波变换，得到小波系数，然后计算每个小波系数的 rigrsure 阈值，该阈值是基于信号噪声统计性质计算得出的。最后，将小于该阈值的系数设置为 0，得到去噪后的信号。

② sqtwolog 阈值法。sqtwolog 是小波阈值法中的一种，它是一种非常流行的小波去噪方法之一。sqtwolog 阈值法被广泛应用于信号处理和图像处理领域，用于去除信号中的噪声并保留信号的主要特征。与传统的阈值法不同，sqtwolog 阈值法采用了两个不同的阈值，一个用于处理细节系数（高频信号），另一个用于处理近似系数（低频信号）。其基本思想是通过对信号进行小波变换，将信号分解为不同尺度的频带，然后对每个频带进行阈值处理，最后再将处理后的信号进行小波重构。

sqtwolog 阈值法的基本思想是利用小波变换将信号分解为不同尺度的子带信号，然后通过适当的阈值策略去除噪声信号，最后再将小波系数重构为去噪后的信号。

具体而言，sqtwolog 阈值法首先将信号进行小波变换，得到小波系数，然后将小波系数分为多个子集，每个子集对应一个尺度。对于每个子集，sqtwolog 阈值法通过计算所有小波系数的平均值和标准差来确定阈值。如果小波系数的绝对值小于等于平均值加上标准差的乘积，那么将该小波系数设置为 0，否则保留该系数。

③ heursure 阈值法。heursure 阈值法的基本思想是利用小波变换将信号分解为不同尺度的子带信号，然后通过适当的阈值策略去除噪声信号，最后再将小波系数重构为去噪后的信号。

与 sure 阈值法不同的是，heursure 阈值法在计算最佳阈值时，引入了一个启发式因子，用于调整 sure 的估计值，以提高去噪的准确性。这个启发式因子可以根据信号的统计特征和噪声的性质来确定。

具体而言，heursure 阈值法中，将信号进行小波变换，得到小波系数，然后计算每个小波系数的 heursure 阈值。该阈值是基于 sure 估计值和启发式因子的乘积计算得出的。最后，将小于该阈值的系数设置为 0，得到去噪后的信号。

④ minimaxi 阈值法。minimaxi 阈值法的基本思想是利用小波变换将信号分解为不同尺度的子带信号，然后通过适当的阈值策略去除噪声信号，最后再将小波系数重构为去噪后的信号。

具体而言，minimaxi 阈值法中，将信号进行小波变换，得到小波系数，然后通过计算小波系数的分布函数，确定一个最小最大准则的系数。接下来，对于每个尺度的小波系数，通过与该系数的最小最大准则系数进行比较来确定阈值。如果小波系数的绝对值小于等于该阈值，则将该小波系数设置为 0，否则保留该系数。

（4）两种非线性阈值选择方法

两种方法分别为软阈值方法和硬阈值方法，如图 4-2 所示。

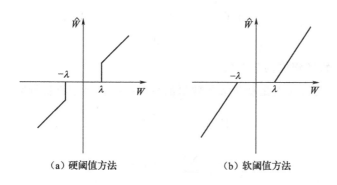

（a）硬阈值方法　　　　（b）软阈值方法

图 4-2　估计小波系数软阈值方法与硬阈值方法

① 软阈值法：

$$\hat{W}_{j,k} = \begin{cases} W_{j,k} - \lambda, & W_{j,k} \geqslant \lambda \\ 0, & |W_{j,k}| < \lambda \\ W_{j,k} + \lambda, & W_{j,k} \leqslant \lambda \end{cases} \quad (4\text{-}20)$$

式中　$\hat{W}_{j,k}$——经过软阈值函数处理后的权重参数；

　　　λ——阈值参数。

将含噪声的小波系数与阈值 λ 进行比较，大于或等于阈值的点收缩为该点的值与阈值之间的差值，并且小于或等于相反数的点被收缩为点的值和阈值的总和。将幅度的绝对值小于阈值的点更改为零。

② 硬阈值法：

$$\hat{W}_{j,k} = \begin{cases} W_{j,k}, & W_{j,k} \geqslant \lambda \\ 0, & |W_{j,k}| < \lambda \end{cases} \quad (4\text{-}21)$$

将噪声信号的小波系数与阈值 λ 进行比较，大于或等于阈值的点保持不变，并且小于闭合值的点变为零。由图 4-2 中可以看出，软阈值方法具有较好的连续性，估计的信号不存在其他干扰，当 $|W_{j,k}| \geqslant \lambda$ 时，$\hat{W}_{j,k}$ 和 $W_{j,k}$ 之间总是存

在一个维持不变的偏差，它的存在会影响重构信号以及实际信号之间的近似程度。硬阈值方法在均方误差意义上相比软阈值方法更具优势，由于处理函数在λ处的不连续性，导致估计的信号会产生其他干扰，并影响重构信号的平滑度。综上所述可知，软阈值去噪的优点是信号更平滑，缺点是会造成一些信息特征丢失，与之相反，硬阈值能够保留信号特征，平滑性能相对较差。

为了弥补软硬阈值方法的缺点，提出了软硬阈值折中方法，其阈值函数表达式如下：

$$\hat{W}_{j,k} = \begin{cases} \text{sgn}(W_{j,k})\,(|W_{j,k}|-a\lambda), & |W_{j,k}| \geqslant \lambda \\ 0, & |W_{j,k}| < \lambda \end{cases} \tag{4-22}$$

式中　a——软硬阈值调节参数。

信噪比与均方误差是衡量去噪效果的重要指标，其信噪比计算公式如下：

$$P_{信号} = \frac{1}{n}\sum f^2(n) \tag{4-23}$$

$$P_{噪声} = \frac{1}{n}\sum [f(n) - \hat{f}(n)]^2 \tag{4-24}$$

$$\text{SNR} = 10\lg \frac{P_{信号}}{P_{噪声}} \tag{4-25}$$

式中　$P_{信号}$——原信号功率，dBm；

　　　$P_{噪声}$——噪声信号功率，dBm；

　　　$f(n)$——原信号；

　　　$\hat{f}(n)$——估计信号。

4.6.2　分解层数的确定

根据小波去噪理论，下列因素如小波基、分解层数以及小波阈值函数等会影响去噪。

本书采用 Daubechies 小波族（紧支集正交小波）、Symlets 小波族（近似对称的紧支集正交小波）以及 Coiflet 小波族来对现场收集的信号进行分解。

Daubechies 小波族是一种离散小波变换中常用的小波基函数族。它是由比利时数学家 Ingrid Daubechies 在 20 世纪 80 年代初提出的，是目前应用最广泛的小波基函数之一。Daubechies 小波族是由一组有限长滤波器和小波基函数构成的一组系列。这些小波基函数具有许多优良的性质，例如紧支集、正交性、平滑性和高频衰减性等，这些性质使得它们在信号处理和图像处理中得到了广泛的应

用，包括信号压缩、去噪、特征提取等方面。Daubechies 小波族的命名方式是
"dbN"，其中 N 表示小波基函数的长度，一般为 4、6、8、10、12、14、16、
18、20 等。不同长度的小波基函数具有不同的性质，因此在实际应用中需要根
据具体问题选择合适的小波基函数。

　　Symlets 小波族（近似对称的紧支集正交小波）是一种用于信号处理和图像处
理的小波基函数族。它们是由 Daubechies 小波族推导出来的，并在许多应用中取得
了成功。它的主要特点是它们比 Daubechies 小波族具有更长的滤波器，这使得它们
在处理具有较平滑变化的信号时表现更好。与 Daubechies 小波族相比，Symlets 小
波族通常需要更多的系数，但在某些情况下，它们可以产生更好的结果。Symlets
小波族具有良好的平衡性，因此在对称性和性能之间取得了很好的折中。它们在信
号压缩、图像压缩、信号分析、模式识别等领域中广泛应用。

　　选用 rigrsure 阈值法、heursure 阈值法、sqtwolog 阈值法、minimaxi 阈值
法和软硬阈值折中方法分别对采集的动平衡信号进行去噪处理。对比效果图如
图 4-3 所示。

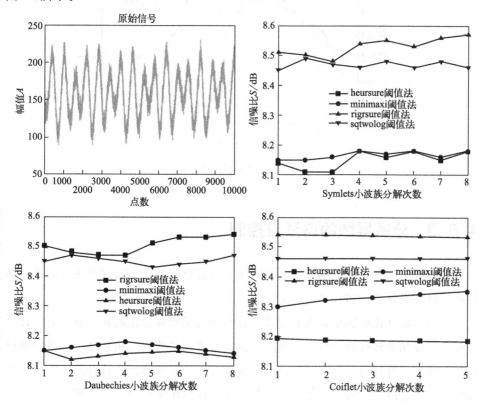

图 4-3　去噪效果对比

根据图 4-3 的对比结果如下。

① 随着小波族 n 的增加，Daubechies 小波基、Symlets 小波基和 Coiflet 小波基的信噪比（SNR）有所提高，但效果不明显。

② 上述三种不同的小波基在使用 rigrsure 阈值法后，得到的信噪比最高，采用 sqtwolog 阈值法时与之相比较低，minimaxi 阈值法相比 sqtwolog 阈值法更低，其中最差的是 heursure 阈值法。

③ 在阈值相同时，不同小波基在去噪后得到的信噪比（SNR）差异不大。在上述研究基础上，Daubechies-6，Symlets-7 和 Coiflet-4 小波基可在 rigrsure 阈值法下用于去噪。为了得到最好分解层数，在 rigrsure 阈值标准下，研究了上述三个小波基采用不同分解层数进行去噪的情况。当分解层数为 4 时，三个最佳小波基都具有最高的信噪比。实验结果分布如图 4-4 所示，因此本书采用 db6 小波基 4 层分解。

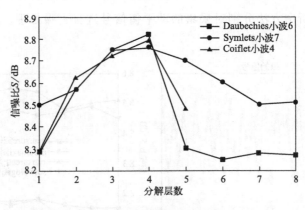

图 4-4   去噪后信噪比效果

4.6.3　分解层数的自适应控制

分解层数的自适应控制是指在求解多目标优化问题时，通过自适应调整分解层数，以平衡计算负担和求解质量的技术。

在多目标优化问题中，我们通常将其转化为单目标优化问题，通过分解技术将多个目标函数转化为一组子问题。分解层数指的是将目标函数分解为子问题的次数。分解层数越高，每个子问题的维度就越小，计算负担也就越小，但是求解的精度可能会降低。分解层数越低，每个子问题的维度就越大，计算负担也就越大，但是求解的精度可能会越高。

因此，分解层数的自适应控制就是根据求解过程中的信息和经验，自动地调整分解层数，以达到平衡计算负担和求解质量的目的。这种技术可以提高多目标优化算法的性能和鲁棒性，特别是对于复杂的多目标优化问题，能够更好地发掘问题的结构和特征。

在对大量实验数据进行仿真的基础上，发现在不同的信噪比下，有多个分解层具有最佳的去噪效果或接近最佳的去噪效果，分解层的数量能够对去噪效果产生很大的影响。当分解层太多时会由于信号特性的损失而导致信噪比的降低，进而使计算量变大，处理速度减慢。当分解层的数量太少，则去噪效果可能不理想，并且信噪比（SNR）将提高得较少，但信噪比（SNR）不会降低。综上可知，对于不同信号具有不同信噪比，只有选择最佳分解层数才能达到最理想的去噪效果。本书通过利用离散白噪声自相关特性对最优小波分解层进行控制，进而完成小波分解细节系数的白噪声测试。

一般情况下，信号本身自相关，噪声则不相关，二者没有相关性，周期信号的自相关仍是周期性信号。离散白噪声自相关序列 $R(m)$ 具有如公式(4-26)中的相应特性。m 是延迟，同时随着 m 的增加，$R(m)$ 迅速衰减到零。

$$R(m)=\begin{cases}1,\ m=0\\0,\ m\neq0\end{cases} \tag{4-26}$$

由此可知，通过对小波分解后的细节系数的自相关性进行分析，能够确定它是否为白噪声。现在最常用的方法包括卡方检验以及简化方法，卡方检验需要根据条件提供相应的样本数，N 越大，结果越准确，简化方法所需的样品较大即可。此外，还有适用于少量样品的 Kolmogorov Smirnov 测试方法。根据待分析信号数据点的数量以及小波分解后所得的细节系数数量，选择简化的方法。当细节系数的自相关序列随着延迟 m 的增加逐渐减小，最终减小到零时，可以判断此时该层的主要成分是白噪声。若 m 的增加是周期性的自相关函数，同时 $m=0$ 处无凸起，可以判断此时该层的主要成分是有用信号。

为了能够将其更好地应用于工程实践中，对于自相关序列为 R 的离散数据序列 $d_j=(j=1,2,\cdots,N)$（N 为小波分解的细节系数的个数），在一般情况下，如果满足 $|R_i|\leqslant\dfrac{1.95}{\sqrt{N}}$，$i\geqslant1$ 的条件，则 $d_j=(j=1,2,\cdots,N)$ 序列是白噪声。

自适应分层处理流程如图 4-5 所示。

由图可知，若小波分解的细节系数为非白噪声，则小波分解会终止，同时通过逆小波变换对信号进行重构。当细节系数是白噪声时，通过阈值处理方法来完

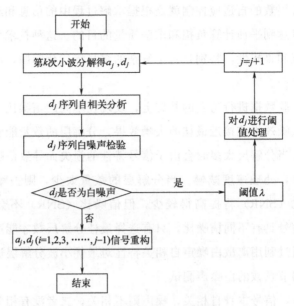

图 4-5　自适应分层处理流程

成下一层分解，进而实现循环。所以该方法的分解层数被自适应调整，对不同信号最佳分解层数的确定具有很大意义，大大缩短了计算所需时间。

4.6.4　3σ 准则阈值去噪

使用单一的 rigrsure 阈值法、sqtwolog 阈值法、minimaxi 阈值法和 heursure 阈值法来对系统中的信号进行去噪处理。尽管可以实现降噪效果，但近似信号中仍然存在大量噪声信号，效果不理想。根据上述分解层的自适应控制算法以及离散白噪声自相关序列，通过引入 3σ 准则来确定阈值，完成原始信号去噪。

3σ 准则是一种数据分析方法，用于确定数据集中的异常值或噪声。该方法基于正态分布的原理，根据数据集的均值和标准差来确定异常值的阈值。这个方法被广泛应用于各个领域，例如质量管理、金融、医学和环境监测等。

在统计学中，正态分布是一种常见的概率分布，具有一个钟形曲线，中心峰值位于均值处，标准差决定曲线的宽度。3σ 准则认为，在正态分布中，约 68% 的数据落在均值的 ±1σ 之间，约 95% 的数据落在均值的 ±2σ 之间，约 99.7% 的数据落在均值的 ±3σ 之间。因此，当数据集中存在异常值时，可以通过计算均值和标准差，确定异常值的阈值，通常为均值加减 3 倍标准差。

在实际应用中，3σ 准则可以用来筛选异常值，也可以用来评估数据集的质量和稳定性。需要注意的是，该方法只适用于符合正态分布的数据集。如果数据集不符合正态分布，则需要使用其他的方法来确定异常值的阈值。

总之，3σ 准则是一种简单有效的数据分析方法，可以帮助人们识别数据集中的异常值或噪声，从而提高数据分析的准确性和可靠性。

从数学统计学可知，超出 ±3σ 范围的随机误差概率是 0.27%，所以实际中随机误差极限值为 $\Delta_{\lim} = \pm 3\sigma$，随机误差的实际分布取值范围与极限值一致。因为经过白噪声检测，获得小波系数序列，在此基础上，我们进一步计算得到了方差 σ^2，这个方差 σ^2 用于设定去噪的阈值，即 $z - w_N(\mu, \sigma^2)$，阈值被设定为 3σ。由于小波变换系数较大，基本上可以滤除白噪声并保留有用信号。当该层系数反映噪声成分时，小波分解阈值则选择为 $3\sigma_i \sim 4\sigma_i$，反之当其主要反映有用信号的成分时，则阈值选为零。如果自相关函数具有随 m 增加的周期性，并且 $m=0$ 时，具有明显凸起，则阈值选择为 $0.5\sigma_i \sim 1.5\sigma_i$。

在本书中，正交小波基 db6 用于自适应的分层噪声信号，最佳分解层是 4 层，其细节系数为 d1～d4。基于各层小波分解细节系数的自相关分析结果用以确定阈值，结果表明降噪效果明显提高。此外，利用强制去噪方法、缺省阈值去噪方法、rigrsure 阈值去噪方法和软硬阈值折中去噪方法对采集的信号进行处理。降噪效果如图 4-6 所示。

本书中使用自相关阈值去噪方法对采集信号进行处理，从图 4-6 可以看出，信号曲线光滑性和连续性都最好，其毛刺也最少，相较其他方法信噪比最高。由于参数调整不当等因素，小波阈值去噪方法去噪效果也不理想。

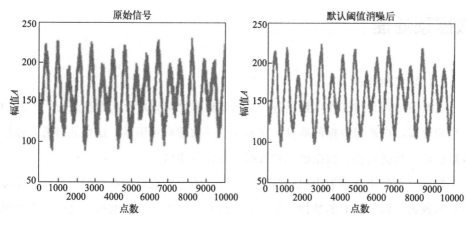

图 4-6

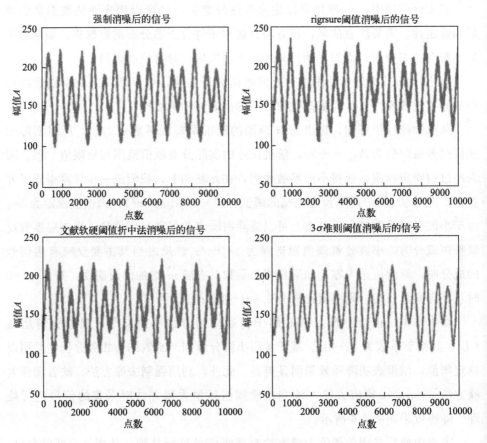

图 4-6　信号去噪效果对比

4.7
数据预处理

（1）数据预处理

　　数据预处理是指在使用数据进行分析或建模之前，对原始数据进行一系列的操作和处理，以确保数据的质量、完整性、一致性和可用性。这些处理通常包括数据清洗、数据转换、数据集成和数据规范化等步骤。

　　数据清洗是指在数据中识别并纠正错误、不一致或缺失的数据。这包括删除重复的数据、修复缺失的数据、删除异常值和处理不一致的数据。这些步骤确保了数据的准确性和可靠性，并减少了后续分析或建模时的误差和偏差。

数据转换是指将数据从一个格式或结构转换为另一个格式或结构。例如，将非结构化数据转换为结构化数据或将数据从一个数据源合并到另一个数据源中。这些步骤有助于减少后续分析或建模时的数据冗余和重复，并提高数据的整体效率和可用性。

数据集成是指将多个数据源合并到一个数据集中，以便进行分析或建模。这可以通过将不同的数据源进行匹配、合并或连接来实现。数据集成有助于在进行分析或建模时获得更全面、更准确的数据，并且可以减少数据的冗余和重复。

数据规范化是指将数据从不同的数据源、格式或结构中进行标准化，以便进行分析或建模。这包括将数据进行统一的编码、格式化、转换或重命名，以确保数据的一致性和可比性。数据规范化有助于减少数据的冗余和重复，并提高数据的整体效率和可用性。

总之，数据预处理是数据分析和建模过程中不可或缺的一步。通过对原始数据进行清洗、转换、集成和规范化等处理，可以提高数据的质量和可用性，并减少后续分析或建模时的误差和偏差，从而使数据分析和建模的结果更加准确和可靠。

（2）实现方式

将传感器采集的数据导入 MATLAB 进行数据预处理。在应用 BP 神经网络解决实际问题中，往往出现训练中的网络不收敛或者是收敛速度慢的情况，所以，在数据输入网络之前对其进行预处理，是很有必要的，用以提高网络的收敛速度。本书为了更好地提高动平衡检测试验台传感器采集数据的稳定性，采用最值法对采集的数据进行数据预处理，公式如下：

$$\hat{x}_i = \frac{x_i - x_{\min}}{x_{\max} - x_{\min}} \tag{4-27}$$

式中　x_i——处理前的数据；

　　　$\hat{x}_i$——处理后的数据；

　　$x_{\max}$——处理前数据的最大值；

　　$x_{\min}$——处理前数据的最小值。

然后将处理后的数据输入网络中，进行训练。

4.8
数据融合算法

数据融合算法通常包括以下几种实现方法。

(1) 集成学习 (ensemble learning)

集成学习是一种将多个模型结合起来以提高预测准确性的方法。这些模型可以是相同类型的算法，也可以是不同类型的算法。其中一种常见的集成学习方法是随机森林 (random forest)，它是一种基于决策树的算法，通过将多个决策树结合起来，能够提高模型的准确性。

(2) 模型堆叠 (model stacking)

模型堆叠是一种将多个模型按照一定的层次结构进行组合的方法。例如，可以将多个基础模型的预测结果作为输入，再训练一个元模型 (meta-model) 来进行最终的预测。

(3) 深度学习 (deep learning)

深度学习是一种通过使用多层神经网络来提高模型准确性的方法。通过增加网络深度，模型可以学习到更复杂的特征表示，从而提高预测准确性。

(4) 强化学习 (reinforcement learning)

强化学习是一种通过与环境交互来学习最优行为的方法。在强化学习中，算法会通过与环境交互来获得奖励，从而学习最优策略。这种方法常用于解决控制问题、游戏等。

(5) 数据增强 (data augmentation)

数据增强是一种通过对原始数据进行随机变换来扩充数据集的方法。这种方法可以增加数据多样性，从而提高模型的鲁棒性和泛化能力。例如，可以通过对图像进行旋转、翻转、剪裁等操作来增强数据。

数据融合算法的收敛速度和抗干扰能力取决于算法的局限性和种群大小等因素。同时，在提高数据融合精度的前提下，要保证较高的收敛速度和较强的抗干扰能力是非常困难的。

针对上述两个问题，本书提出了一种基于粒子群算法优化改进的 BP 神经网络数据融合算法，提高了数据融合的精度，同时提高了收敛速度，增强了抗干扰能力。

4.8.1　BP 神经网络

BP 神经网络是一种被广泛应用于模式分类、函数逼近、信息处理和控制等领域的神经网络模型，其全称为反向传播神经网络（back propagation neural network）。

BP 神经网络的结构一般包括输入层、隐藏层和输出层，其中隐藏层的数量和节点数可以根据实际问题的需要进行调整。每个节点都是一个数学函数，通常是非线性函数，而网络的学习则是通过调整这些节点函数的参数来实现的。在BP 神经网络中，每个节点都与前一层的所有节点相连，而每条连接线都带有一个权重，这些权重也是需要被训练的参数之一。

BP 神经网络的学习过程是通过反向传播算法来实现的，该算法基于梯度下降方法，通过计算网络误差对权重的偏导数，然后利用偏导数来更新权重，最终使得网络误差最小化。具体地，该算法首先将输入样本经过前向传播计算出网络的输出结果，然后将输出结果与样本标签进行比较得到误差，接着将误差反向传播回网络，根据误差计算每个节点的偏导数，最后根据偏导数更新每条连接线的权重，不断重复以上过程，直到网络误差达到一个满意的程度为止。BP 神经网络具有以下几个优点。

① 适用性广。BP 神经网络可以应用于多个领域，如模式分类、函数逼近、信号处理和控制等。

② 非线性映射。BP 神经网络具有强大的非线性映射能力，能够处理非线性关系的问题。

③ 学习能力强。BP 神经网络可以自适应地学习输入输出之间的映射关系，且可以处理大规模数据集。

④ 鲁棒性强。BP 神经网络对输入数据中的噪声和干扰具有一定的鲁棒性。

⑤ 并行性强。BP 神经网络可以进行并行计算，能够实现高效的分布式计算。

⑥ 可解释性。BP 神经网络中的权重和节点函数参数可以被解释为输入与输

出之间的关系，具有一定的可解释性。

在提高数据融合精度的前提下，为了解决数据融合速度慢的问题，提出了一种基于粒子群优化的改进 BP 神经网络数据融合算法。算法结构如图 4-7 所示。

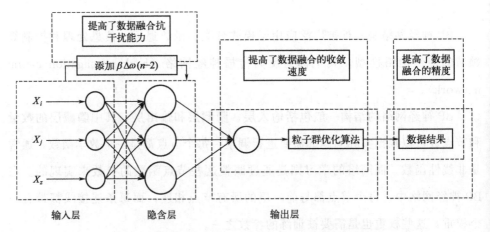

图 4-7 基于粒子群优化的改进 BP 神经网络算法结构

BP 神经网络是一种多层前向反馈神经网络。它沿着误差函数梯度的相反方向前进，使用优化的梯度下降，同时算法能够不断校正网络权重和阈值，直到网络输出和期望输出的误差达到所需的性能指标为止。当输入数据 $x(n)$，且数据进入网络正向传播时，输出层第 j 个神经元的输出为：

$$v_j^i(n) = f[u_J^j(n)] \tag{4-28}$$

其中，
$$u_J^i(n) = \sum_{i=1}^{I} \omega_{ij}(n) v_I^i(n)$$

$$v_J^j(n) = \sum_{m=1}^{M} \omega_{mi}(n) x_M^m(n)$$

式中 $f[u_J^i(n)]$ ——激活函数；

$u_J^j(n)$ ——隐含层的输出；

$v_I^i(n)$ ——隐含层的输入；

$\omega_{mi}(n)$ ——输入层到隐含层的连接权值；

$\omega_{ij}(n)$ ——隐含层到输出层的连接权值；

$x_M^m(n)$ ——输入层的输入在时间步的取值；

$v_J^j(n)$ ——特定时间步的神经网络层中节点的输出。

输出层第 j 个神经元的误差为：

$$e_j(n) = d_j(n) - v_J^j(n) \tag{4-29}$$

式中 $d_j(n)$ ——网络的期望输出。

网络的总误差为：

$$e(n) = \frac{1}{2} \sum_{j=1}^{J} e_j^2(n) \tag{4-30}$$

当误差沿网络进行反向传播，首先对隐含层与输出层之间的权值 w_{ij} 进行调整，利用最速下降法，计算误差对 ω_{ij} 的梯度 $\dfrac{\partial e(n)}{\partial \omega_{ij}(n)}$，进而沿着该方向的反向进行权值调整。最终得到权值的修正量为：

$$\Delta \omega_{ij}(n) = \eta e_j(n) v_I^i(n) \tag{4-31}$$

误差向前传播时，对输入层与隐含层之间的权值 ω_{mi} 进行调整，权值的修正量为：

$$\Delta \omega_{mi}(n) = \eta \delta_I^i(n) x(n) \tag{4-32}$$

式中 η ——学习率；

ω_{mi} ——输入层与隐含层之间的权值；

$\delta_I^i(n)$ ——局部梯度。

在 BP 神经网络中，数据从输入层经隐含层到输出层传播，训练网络权值时，则沿着减少误差的方向，从输出层经过隐含层向前修正网络的连接权值。随着学习的不断进行，误差逐渐减小，直到误差减小到预定的要求，或者达到预定的学习次数，则停止训练。

4.8.2 改进的 BP 神经网络

BP 神经网络是一种常见的人工神经网络，它可以用于分类、回归、聚类等任务。尽管 BP 神经网络在实际应用中表现出色，但它仍然存在一些问题，例如收敛速度较慢，容易陷入局部最优解等。改进的 BP 神经网络是针对这些问题进行的优化，它采用了一些新的方法和技术，以提高 BP 神经网络的性能。下面介绍一些常见的改进方法。

（1）优化算法

BP 神经网络的训练过程可以使用梯度下降等优化算法。然而，这些算法容易陷入局部最优解，导致训练效果不佳。为了解决这个问题，人们提出了一些新的优化算法，例如遗传算法、模拟退火算法、粒子群优化等。这些算法具有全局优化能力，可以有效避免陷入局部最优解。

（2）网络结构

BP 神经网络的性能与网络结构密切相关。如果网络结构不合适，就会导致训练效果不佳。因此，人们提出了一些新的网络结构，例如卷积神经网络、循环神经网络、深度神经网络等。这些网络结构可以更好地适应不同的任务，并提高神经网络的性能。

（3）正则化

BP 神经网络容易过拟合，导致泛化性能不佳。为了解决这个问题，人们提出了一些正则化方法，例如 L1 正则化、L2 正则化、随机失活（dropout）等。这些方法可以有效防止过拟合，提高神经网络的泛化能力。

（4）学习率调整

BP 神经网络的学习率对训练效果有重要影响。如果学习率设置过大，会导致训练不稳定，甚至发散；如果学习率设置过小，会导致训练收敛速度过慢。为了解决这个问题，人们提出了一些学习率调整方法，例如自适应学习率、动量法等。这些方法可以有效提高训练效率和稳定性。

本书所使用的方法是在 BP 神经网络算法基础上，将动量因子 $\alpha(0<\alpha<1)$ 引入权值更新阶段，进而使权值的修正值具有惯性：

$$V\omega(n)=-\eta(1-\alpha)\nabla e(n)+\alpha\Delta\omega(n-1) \tag{4-33}$$

式中　α——动量因子。

该式中含因式 $\alpha\Delta\omega(n-1)$，说明该权值的更新方向和幅度与本次计算得出的梯度以及上一次更新的方向和幅度都相关，加入该因式后使权值的更新具有了惯性，进而提高抗震能力和收敛速度。

为提高抗震能力，进一步加快收敛速度，改进后的算法采用动量 BP 法，相应的权值修正公式如下：

$$\Delta\omega(n)=-\eta(1-\alpha)\nabla e(n)+\alpha\Delta\omega(n-1)+\beta\Delta\omega(n-2) \tag{4-34}$$

此方法就是在普通的添加动量项 $\alpha\Delta\omega(n-1)$ 的基础上，再添加一个 $\beta\Delta\omega(n-2)$ 项，也就是 $(n-1)$ 时刻的权值变化量，为了使 $(n-1)$ 时刻极值变化量的影响起主导作用，规定 β 应小于 α。

在对前面两个时刻连接权重的变化方向进行记忆的基础上，利用相对较大的学习率系数，来实现提高收敛速度的目的。从而"惯性效应"也随之变强，抑制网络出现震荡的能力也被增强。使用添加动量项法的前提需要同时考虑误差在梯度上的作用以及误差曲面上变化趋势对其的影响，网络上的微小变化特性可忽略不计，还需考虑学习过程的稳定性，该方法中的动量项相当于阻尼项，使学习过程震荡趋势减小，进而使收敛性得到改善，从而得到更优解。

4.8.3　粒子群优化改进 BP 神经网络

粒子群优化（particle swarm optimization，PSO）是一种基于群体智能的优化算法，它通过模拟鸟群、鱼群等群体的行为来寻找最优解。BP 神经网络是一种广泛应用于分类、预测等领域的神经网络模型。然而，BP 神经网络有时会陷入局部最优解，导致性能下降。为了解决这个问题，人们将 PSO 算法与 BP 神经网络相结合，形成了粒子群优化改进 BP 神经网络（PSO-BP）。

PSO-BP 神经网络的基本思想是在 BP 神经网络训练过程中引入 PSO 算法，利用 PSO 算法来寻找神经网络权值的最优解，从而避免陷入局部最优解的问题。具体来说，PSO 算法通过维护一个粒子群体起作用，其中每个粒子代表了一组神经网络权值的候选解。在每次迭代中，每个粒子会根据自身的经验和群体的经验来调整自己的位置和速度，从而寻找更优的权值组合。通过这种方式，PSO 算法可以帮助 BP 神经网络跳出局部最优解，进而得到更好的性能。

PSO-BP 神经网络的训练过程可以分为以下几个步骤。

① 初始化粒子群体。随机生成一定数量的粒子，每个粒子表示一组 BP 神经网络的权值。

② 计算适应度函数。将每个粒子的权值作为输入，计算对应的 BP 神经网络的误差，作为粒子的适应度函数值。

③ 更新粒子速度和位置。根据粒子的适应度函数值和群体的经验，更新每个粒子的速度和位置。

④ 更新全局最优解。更新全局最优解，即在所有粒子中适应度函数值最小的那个粒子。

⑤ 检查终止条件。判断是否满足终止条件，如达到最大迭代次数或误差达到一定精度。

重复②～⑤步骤直到满足终止条件。

PSO-BP 神经网络在实际应用中具有很好的效果。相比于传统的 BP 神经网络，PSO-BP 神经网络可以更快地收敛到全局最优解，并且具有更好的泛化能力。在分类、预测等任务中，PSO-BP 神经网络也常常能够取得更好的性能。

粒子群算法的公式如下：

$$v_{i,m}^{k+1}=\omega v_{i,m}^{k}+c_1 r_1 \mid P_{i,m}^{k}-x_{i,m}^{k}\mid +c_2 r_2 \mid g_m^{k}-x_{i,m}^{k}\mid \tag{4-35}$$

$$x_{i,m}^{k+1}=x_{i,m}^{k}+v_{i,m}^{k+1} \tag{4-36}$$

式中，$v_{i,m}^{k}$ 是第 i 个粒子在第 k 次迭代之后，第 m 维度上的速度；r_1，r_2 为两个独立的随机数，都服从 [0,1] 均匀分布；$P_{i,m}^{k}$ 是第 k 次迭代之后，粒子 i 的个体最优在第 m 维的位置；g_m^{k} 是第 k 次迭代之后，全局最优在第 m 维的位置；$x_{i,m}^{k}$ 是第 i 个粒子在第 k 次迭代之后，第 m 维的位置；c_1 和 c_2 是算法的加速系数，通常为正常数；ω 为惯性权重系数。

改进的 BP 神经网络存在许多问题，如容易陷入局部极值点、收敛速度慢、抗震能力差，因此采用粒子群优化改进 BP 神经网络解决上述问题。具体实现步骤如图 4-8 所示。

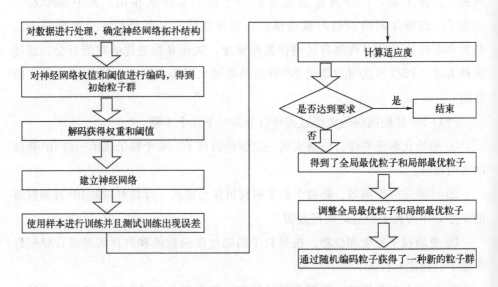

图 4-8　粒子群优化改进 BP 神经网络流程

步骤 1：根据训练方法对训练数据进行初始化处理，得到 $\hat{x}_i$；将 $\hat{x}_i$ 作为神经网络的输入，确定神经网络的拓扑结构。

步骤 2：对神经网络的权值和阈值进行编码，得到初始值。

步骤 3：对权值和阈值进行解码，构造神经网络，训练样本，得到训练误差。

步骤 4：计算适应度，如果适应度满足约束条件，训练结束；如果适应度不满足约束条件，利用粒子群算法完成对样本数据的优化，再进行解码，从而求得权值和阈值，直到适应度满足约束条件，训练结束。

总之，粒子群优化改进 BP 神经网络是一种应用广泛且效果良好的算法。在实际应用中，人们可以根据具体任务的需求，调整 PSO-BP 神经网络的参数，从而得到更好的结果。

4.8.4　加权数据融合

数据融合是将多个数据源中的数据合并成为一个数据集，目的是生成比单个数据源更准确、更完整、更具代表性的数据集。在数据科学中，数据融合可以用于解决许多问题，如信息检索、分类、回归等。加权数据融合是一种常见的数据融合方法，它可以帮助我们更好地整合不同来源的数据，对不同空间与不同时间的多个传感器数据进行分析。

数据融合可以采用多种技术，包括简单的连接和组合操作、数据清理和处理，以及更高级的算法，例如基于规则的系统、决策树和神经网络等。这些技术旨在确保数据的一致性和准确性，并消除不必要的重复数据。

利用相关的数学统计方法和实际经验对不同传感器的数据分配相应的权值，以获得全局最优估计。数据融合的目标是创建一个完整、准确和有用的数据集，以便在各种应用程序中使用。从而提高结果的准确性和可靠性。

对不同传感器采集的数据进行不同的权重选择。然后，基于最小平方根误差原理，结合相关值，选择自适应方法以计算它们各自的权重，得到最佳的数据融合结果。

加权数据融合的过程可以分为以下几个步骤。

（1）收集数据

首先需要从多个数据源中收集数据。这些数据可以来自不同的来源，如传感器、数据库、API 等。

（2）数据处理

在收集到数据后，需要对其进行预处理，以去除异常值、噪声和缺失值等，并将其转换为统一的格式，以便进行后续的数据融合。

（3）数据融合

在完成数据预处理后，需要将多个数据源的数据进行融合。加权数据融合是将来自不同数据源的信息进行汇总，通过对不同数据源的数据进行加权来生成最终结果。在这种融合方法中，不同数据源的数据质量和可靠性被赋予不同的权重，以便更好地反映其重要性。可以采用多种算法进行数据融合，如加权平均法、逐步回归法、神经网络等。

（4）权重确定

在进行加权数据融合时，需要确定每个数据源的权重。权重的确定通常基于以下几个因素。

① 数据源的可靠性。如果某个数据源的数据质量更高，那么该数据源的权重应该更高。

② 数据源的重要性。某些数据源可能比其他数据源更重要，因此应该赋予更高的权重。

③ 数据源的稳定性。某些数据源可能更容易受到干扰或噪声的影响，因此应该赋予更低的权重。

④ 数据源的一致性。如果多个数据源提供的数据相互一致，那么这些数据源的权重应该相同。

在确定权重时，可以根据实际情况进行选择，并通过试验进行调整和优化。

4.8.5　基于多项式 Chirplet 变换的变转速瞬时故障基频估计

（1）多项式 Chirplet 变换原理

多项式 Chirplet 变换是一种信号处理技术，可以将信号从时域转换到时间-频率域，类似于传统的傅里叶变换和小波变换。它最初由 Hlawatsch 和 Boudreaux-Bartels 在 1992 年提出，可以看作是一种广义的傅里叶变换。多项式 Chirplet 变换的特殊之处在于它能够处理具有时间变化的频率和带宽的信号，这些信号通常难以用传统的傅里叶变换或小波变换进行分析。在信号处理、图像处理和机器学习等领域中，多项式 Chirplet 变换具有重要的应用价值。

多项式 Chirplet 变换的基本原理是通过一组多项式基函数来分解信号，这些基函数被称为 Chirplets。Chirplet 是一种时间-频率局部化的基函数，具有时间变化的频率和带宽。

当信号的瞬时频率随时间线性变化时，传统的线性调频小波变换在合适的调频参数下能够很好地刻画信号的时频分布。然而，当瞬时频率轨迹为非线性时变函数时，传统的线性调频小波变换并不适用，多项式 Chirplet 变换 162 正是为了解决此问题而提出的改进算法，其定义式为：

$$S(t,f) = \int_{-\infty}^{+\infty} x(\tau) g * (\tau - t) e^{-j2\pi f \tau} dt \tag{4-37}$$

式中　$x(\tau)$——输入信号，代表在时间点 τ 上的信号强度；

　$g * (\tau - t)$——权重函数，代表在时间差为 t 的情况下，τ 上的信号对输出的
　　　　　　贡献。

　　式中，* 代表复共轭。$S(t,f)$ 既是时间的函数也是频率的函数，因此，同时包含时域和频域的信息。

　　（2）离散短时傅里叶变换

　　离散短时傅里叶变换（discrete short-time fourier transform，DSTFT）是一种基于傅里叶变换的信号分析方法，它可以将信号分解成不同频率和不同时间段的频谱。与传统傅里叶变换不同，DSTFT 可以对非平稳信号进行频谱分析，因为它将信号分成了许多不同的时间段，每一段可以看作是一个平稳的信号。

　　DSTFT 的核心思想是将信号分成多个短时段，每个短时段内的信号可以看作是平稳的，然后对每个短时段内的信号进行傅里叶变换，得到该短时段内信号的频域表示，称为"局部频谱"。通过对所有短时段的局部频谱进行叠加，可以得到原始信号的全局频谱表示。

　　DSTFT 广泛应用于信号处理、音频处理、图像处理等领域，它可以用于信号的时频分析、滤波、压缩、特征提取等任务。与其他时频分析方法相比，DSTFT 具有计算量小、频率分辨率高、时间分辨率可调节等优点。

　　在对信号 $x(\tau)$ 进行实际分析过程中，由于采集得到的信号为离散值，因此在进行连续短时傅里叶变换时需进行离散化处理，离散短时傅里叶变换的表达式如下：

$$S(n\Delta t, f) = \sum_{-\infty}^{+\infty} x(k) g * (k - n\Delta t) e^{j2\pi kf} \tag{4-38}$$

式中　n——时间序列；

　$x(k)$——信号 $x(t)$ 的离散形式；

　　Δt——采样时间间隔。

　　由式（4-38）可知，DSTFT 结果为一个二维的复矩阵，包含时间和频率信息。DSTFT 频谱定义为 S 模的平方，如式（4-39）所示，表示时间-频率能量分布

也称为瞬时频率谱密度。

$$P(n\Delta t,f)=|S(n\Delta t,f)|^2 \tag{4-39}$$

式中　$P(n\Delta t,f)$——在时刻 $n\Delta t$ 和频率 f 上的信号功率，也称为功率谱密度，dB；

$|S(n\Delta t,f)|^2$——幅度的平方，即信号在时刻 $n\Delta t$ 和频率 f 上的能量，也称为能量谱密度，dB；

Δt——采样时间间隔，是离散化的时间单位，s；

n——采样序号，即第 n 个采样点。

（3）Seam Carving 算法原理

Seam Carving 算法是 2007 年三菱电气研究实验室的 ShaiAvidan 与跨学中心和三菱电气研究实验室的 ArielShamir 提出的方法。Seam Carving（缩减）算法是一种用于自适应图像大小调整的算法，可以在不损失图像重要内容的情况下，有效地调整图像的大小。

Seam Carving 算法通过识别和删除图像中的无关像素（或称为接缝或缩减路径），来调整图像的大小。这些接缝是一系列相邻的像素，它们穿过图像的行或列，并且在接缝的位置上，将像素从图像中删除或复制。

Seam Carving 算法的核心思想是基于以下两个前提：

① 图像中的某些像素比其他像素更重要，因为它们具有更多的信息或者是人眼更容易关注的部分。

② 调整图像大小时，应该尽量保留重要像素，并尽量减少删除重要像素的情况。

（4）Seam Carving 算法的主要步骤

① 计算每个像素的能量值。能量值反映了像素的重要程度，是一个衡量像素与周围像素差异的度量。

② 根据能量值，计算出一条从图像的顶部到底部（或者从左侧到右侧）的最小能量路径。这条路径会穿过图像的行或列，它是一条贯穿整个图像的重要路径，保留路径上的像素，删除路径外的像素。

③ 将该路径上的像素删除或复制，从而实现缩小或放大图像的操作。

④ 重复执行步骤①到步骤③，直到达到所需的图像大小。

需要注意的是，Seam Carving 算法并不仅仅用于缩小图像，也可以用于放大图像。在放大图像时，需要先插入一些像素，然后再执行缩小操作。

Seam Carving 算法被广泛应用于图像编辑软件中，如 Photoshop、GIMP 等。它能够帮助用户在不破坏图像质量的前提下，有效地调整图像大小。

这种方法根据图像中像素的重要性定义图像的能量函数，然后找到能量最小的"缝"（Seam 通路），再对这条 Seam 通路进行操作来实现图像的缩放。

为了说明 Seam Carving 算法提取 Seam 通路的过程，以高度为 n，宽度为 m 的图像为例，其像素点为 (x,y)，$0 \leqslant x \leqslant (n-1)$ 且 $0 \leqslant y \leqslant (m-1)$。首先要获得图像的能量分布，定义像素点 (x,y) 的密度函数为 $I(x,y)$，那么该像素点的能量函数 $e[I(x,y)]$ 可表示为：

$$e[I(x,y)] = \left| \frac{\partial}{\partial x} I(x,y) \right| + \left| \frac{\partial}{\partial y} I(x,y) \right| = |Gx[I(x,y)]| + |Gy[I(x,y)]|$$

(4-40)

实际上，它是灰度图的梯度的模，反映了图像灰度变化的速率。由于计算机里的数字图像是离散的，计算它的像素的梯度模时要用差分代替微商，实际中常用梯度模算子计算像素的梯度模，本书采用一种性能较好的梯度模算子——Sobel 算子计算像素的梯度模。其中，Gx 和 Gy 分别为水平和垂直方向的 Sobel 算子。

在寻找最优 Seam 的过程中首先以转子不平衡故障基频作为最小能量 Seam 通路的起始点，接着采用多阶段最优化决策算法——动态规划算法进行最优 Seam 通路的提取，相应的状态转移方程为：

$$M(x,y)e[I(x,y)] + \min\{M(x-1,y-1), M(x-1,y)M(x-1,y+1)\}$$

(4-41)

$M(x,y)$ 是求解动态规划所用的和值矩阵，表示坐标点 (x,y) 上像素修改后的累积能量。以垂直最优缝为例进行最优 Seam 通路的提取，其计算过程如下：

① 计算出图像的能量阵 $e[I(x,y)]$，并把 $M(1,y)$ 初始化为 $e[I(1,y)]$，这样 $M(1,y)$ 中已经为正确的值了，然后从 $M(x,y)$ 的第二行开始，根据式(4-41)前一行的值来计算这一行的值。

② 计算出 M 的最后一行后，设这一行中能量最小值对应的像素为 $P(m,y_1)$，那么说明从图像第一行到该点 (m,y) 的路是图中能量小的路径，这样图像中最优缝在最后一个像素即为 $P(m,y_1)$。

③ 想追踪出最优缝在其他行中的元素，算法中要用到一个标记矩阵 Path(x, y)，其计算过程根据式(4-42)进行。这样像素 $P(m, y_1)$ 和标记阵 Path(x, y) 就可以推知它前一行中属于最优缝的像素为 $P[m-1, y_1+\text{Path}(m, y_1)]$，依次计算下去，就可追踪出最优缝的路径。

$$\text{Path}(x, y) = \begin{cases} -1 & \min\{M(x-y, y-1), M(x-1, y), M(x-1, y+1)\} = M(x-1, y-1) \\ 0 & \min\{M(x-1, y-1), M(x-1, y), M(x-1, y+1)\} = M(x-1, y) \\ 1 & \min\{M(x-1, y-1), M(x-1, y), M(x-1, y+1)\} = M(x-1, y+1) \end{cases}$$

$$(4\text{-}42)$$

4.8.6　STFT-SC 算法瞬时故障基频估计

（1）STFT-SC 算法

STFT-SC 算法是一种基于短时傅里叶变换（short-time fourier transform，STFT）和谱相关（spectral correlation，SC）的信号分析方法。

STFT-SC 算法的基本思想是将信号分成若干个时域窗口，在每个窗口上进行短时傅里叶变换，得到频谱信息。然后，通过对频谱信息进行谱相关分析，可以得到信号的自相关函数和互相关函数，从而确定信号的瞬时频率和基频。具体步骤如下：

① 将信号分成长度为 N 的时域窗口，窗口之间可以有重叠；

② 对每个时域窗口进行短时傅里叶变换，得到频域信号；

③ 对每个频域信号进行谱相关分析，得到信号的自相关函数和互相关函数；

④ 从自相关函数中估计信号的瞬时频率，从互相关函数中估计信号的基频；

⑤ 对所有时域窗口的基频进行平均，得到最终的基频估计结果。

需要注意的是，由于瞬时故障基频估计是一种实时性要求比较高的应用场景，因此在实际应用中需要考虑算法的实时性和计算复杂度。此外，算法的准确性和稳定性也是需要重视的问题。

为了说明 STFT-SC 算法在瞬时故障基频估计中的应用，以旋转机械转子不平衡升速阶段振动信号为例，其瞬时频率估计算法流程如图 4-9 所示。

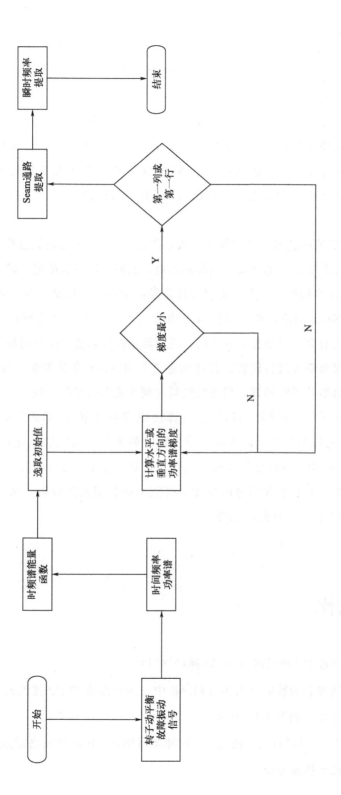

图4-9　STFT-SC瞬时频率估计算法流程

（2）STFT-SC 算法步骤

① 对故障信号进行时分。首先根据式（4-37）对转子不平衡故障信号进行 STFT 分析，得到信号的时频分布，再根据式（4-38）计算其时间-频率功率谱能量分布，即瞬时频率谱密度。

② 计算时频谱的能量函数。在图像处理中，图像经过灰度处理后得到灰度图，每一个像素仅有一个灰度值，决定像素的明暗程度，也称为该像素点的能量。本书采用信号功率谱能量进行梯度计算，将 STFT 变换后得到的能量谱度取对数后作为像素的灰度值。再用 Sobel 算子根据式（4-39）计算得到时的能量函数。

③ 初始值的选取。选取能量和值矩阵 $M(x,y)$ 边能量低点作为 Seam 通路的起始点，根据算法的含义，此起始点对应的频率即为该瞬时的转子旋转工频。

④ 最优路径提取。为了实现最优路径的提取，采用动态规划算法来确定能量最小的 Seam 通路，整个过程可以用式（4-41）状态转移方程表示。其中，对于横坐标为时间，纵坐标为频率的时频谱能量矩阵需提取的瞬时频率曲线为水平方向，故可将矩阵进行转置，转化为垂直方向 Seam 通路提取，Seam 通路提取完成后再将矩阵进行转置，保证后续瞬时频率提取时坐标一致。

⑤ 振动信号瞬时频率估计。由算法原理可知通过 STFT-SC 算法提取的 Seam 通路对应的坐标点即为振动信号瞬时频率曲线对应的坐标点。也就是说，根据 Seam 通路对应的坐标点绘制曲线，即为所需提取的振动信号的瞬时频率曲线将估计的瞬时频率和信号的实际瞬时频率进行相关性分析，从而验证 STFT-SC 瞬时频率估计算法的准确性。

4.9
实验对比

（1）改进 BP 神经网络与 BP 神经网络对比

将预处理后的数据导入 MATLAB 中，采用改进的 BP 神经网络和 BP 神经网络进行对比，如图 4-10 所示。

从图 4-10 可以看出，改进的 BP 神经网络比 BP 神经网络误差收敛速度快，波动小，抗干扰能力强。

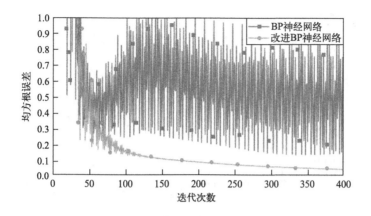

图 4-10　网络训练误差均方根对比

测试数据被输入受过训练的网络进行数据融合，融合结果如图 4-11 所示。

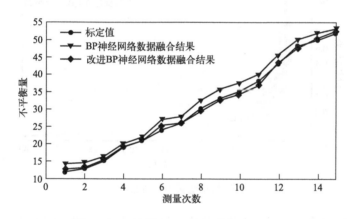

图 4-11　数据融合对比

如图 4-11 所示，改进 BP 神经网络的融合结果与期望之间的平均误差为 0.364，BP 神经网络融合结果与期望之间的平均误差为 0.654，通过数值对比，改进 BP 神经网络融合精度较高。

（2）粒子群优化改进 BP 神经网络与改进 BP 神经网络、BP 神经网络对比

采用粒子群优化改进的 BP 神经网络，改进的 BP 神经网络和 BP 神经网络进行对比，结果如图 4-12 和图 4-13 所示。

如图 4-12 和图 4-13 所示，粒子群优化改进 BP 神经网络、BP 神经网络和改进的 BP 神经网络三者相比，粒子群优化改进 BP 神经网络数据融合算法的收敛速度快，波动性小，抗干扰能力强。

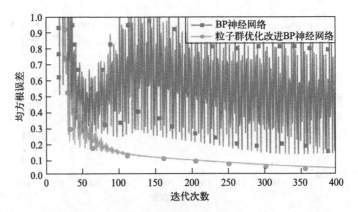

图 4-12　网络训练误差均方根对比（一）

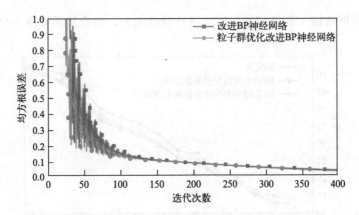

图 4-13　网络训练误差均方根对比（二）

将测试数据输入经过训练的网络中，融合对比结果如图 4-14 所示。

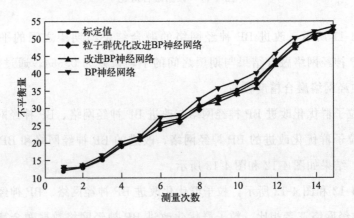

图 4-14　数据融合对比

如图 4-14 可知，BP 神经网络融合结果与期望之间的平均误差为 0.654，粒子群优化改进的 BP 神经网络融合结果与期望之间的平均误差为 0.251，粒子群优化改进的 BP 神经网络与 BP 神经网络、改进 BP 神经网络数据融合精度相比，有了很大的提高。

（3）粒子群优化改进 BP 神经网络与加权数据融合对比

将预处理数据导入到 MATLAB 中，采用粒子群优化改进 BP 神经网络算法和加权数据融合算法进行对比，效果如图 4-15 所示。

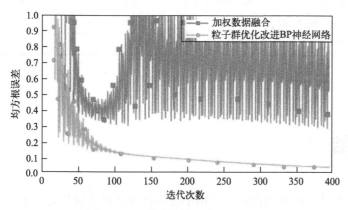

图 4-15　网络训练误差均方根对比

从图 4-15 可知，粒子群优化改进的 BP 神经网络比加权数据融合误差收敛速度快。迭代结束时，粒子群优化改进 BP 神经网络比加权数据融合抗干扰能力强，收敛速度快。

将测试数据输入经过训练的网络中，进行数据融合处理，融合对比结果如图 4-16 所示。

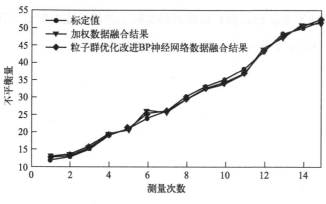

图 4-16　数据融合对比

　　由图 4-16 可知，加权数据融合结果与期望之间的平均误差为 0.262，粒子群优化改进 BP 神经网络融合结果与期望之间的平均误差为 0.251。因此，粒子群优化改进 BP 神经网络比加权数据融合的融合精度高。

　　根据上述仿真比较，与 BP 神经网络数据融合算法以及加权数据融合算法相比，粒子群优化的改进 BP 神经网络数据融合算法收敛速度更高，抗干扰能力更强，同时具备更高的数据融合算法精度。数据融合算法精度比较如表 4-1 所示。

表 4-1　数据融合算法精度比较

数据融合算法	数据融合算法精度	数据融合算法	数据融合算法精度
粒子群优化改进 BP 神经网络	0.251	加权数据融合	0.262
BP 神经网络	0.654		

4.10
本章小结

　　本章针对动平衡检测信号，采用小波阈值方法对其信号进行了去噪处理，去噪对比实验表明，本书提出的 3σ 准则阈值法比强制去噪、软硬阈值折中去噪以及 rigrsure 阈值去噪法的去噪效果好，进而能够提高气悬浮动平衡检测试验台传感器信号采集的准确性。同时还提出了一种基于粒子群优化改进 BP 神经网络的数据融合方法，有效地提高了数据采集的精度。从数据训练结果可知，采用粒子群优化改进 BP 神经网络的收敛速度比 BP 神经网络和加权数据融合的收敛速度快。从数据融合效果看，粒子群优化改进的 BP 神经网络融合误差小，融合精度高。当气悬浮动平衡检测试验台传感器的实际工作环境变差时，采用粒子群优化改进 BP 神经网络能够提高抗干扰能力和数据融合精度。

第5章
动平衡机网络化实现

5.1
引言

随着网络技术和信息化技术的迅速发展，企业的生产管理模式正在发生相应的变化。许多流程化制造单位借助企业资源管理和制造执行系统，统筹管理企业的采购、制造、库存、生产和销售等整个环节，实现数字化、信息化的管理，提高了企业的生产效益。

对于一些使用场合特殊的转子如航空发动机转子、汽轮发电机转子等，如果其动平衡测试具有可追溯性，就可明确动平衡机厂家、动平衡测试操作人员和时间等信息，使整个动平衡机测试过程变得透明化和公开化，为分析原因提供依据。

此外，目前动平衡机的历史测试数据大多无法保存，有些虽然具有数据保存功能，但也只能保存在动平衡机本机上，无法实现数据共享。本书利用 WiFi 技术实现本地数据向云服务器的传输，从而实现动平衡机的网络化通信。

5.2
ERP 和 MES 在动平衡系统中的应用

5.2.1 ERP 系统概述

企业资源管理（enterprise resource planning，ERP）是一种综合性的企业管理软件系统，旨在集成各种业务流程和部门的信息，以支持企业的全面管理和决策。ERP 系统的核心是一个中央数据库，该数据库包含所有业务流程和相关信息的数据。各个部门可以通过该系统实现信息共享和交流，从而协同完成任务。

ERP 系统可以支持各种企业活动，包括财务、采购、销售、库存管理、供应链管理、生产计划、人力资源管理等。该系统提供了各种功能模块，可以根据企业需求进行定制和配置，以满足不同的业务流程和管理需求。

通过 ERP 系统，企业可以提高效率，减少重复劳动和错误，加强内部协作和沟通，实现信息的实时共享和分析。同时，ERP 系统还可以帮助企业做出更准确的决策，提高业务流程的透明度和可控性。

5.2.2　MES 系统概述

制造执行系统（manufacturing execution system，MES）是一种用于监控、控制和优化制造流程的软件系统。它是在企业资源计划（ERP）系统之上的另一层应用，专注于生产车间的操作层面。

MES 系统提供了一系列功能模块，以支持生产车间的各种任务和活动，如工单管理、物料跟踪、工艺路线管理、质量管理、设备监控和维修等。通过 MES 系统，制造企业可以实现生产过程的实时监控和追踪，减少生产过程中的错误和延迟，提高生产效率和产品质量。

MES 系统通常与设备自动化系统（例如 PLC 和 SCADA 系统）集成，以实现对生产设备的实时监控和控制。此外，MES 系统还可以与 ERP 系统集成，以实现生产计划和物料需求的同步，从而协调生产和供应链活动。

5.2.3　ERP 与 MES 在动平衡检测系统中的应用

ERP 和 MES 系统在工业生产中的应用成为国内外专家学者研究的热点。S. L. Saini 设计实施了一款基于云计算的 ERP 服务系统，具有成本低、易重构和集成化高的优点。Y. Hwang 以全球 ERP 系统使用者和本地 ERP 系统使用者为研究对象，分析了影响全球 ERP 系统和本地 ERP 系统的因素。H. Hamidi 应用模糊方法评价影响 ERP 实施的因素，可以获得更加精确的评估结果。章佳以线缆企业生产车间为研究对象，研究开发了基于物联网的 MES 生产监控系统。贺燕萍以某大型机械企业推行的制造执行系统（MES）为基础，结合相关信息技术，为企业建立了一个数字化、精细化的制造工厂。

一家动平衡机单位每天会接收到许多订单，其转子的质量和动平衡测试转速不尽相同，通过 ERP 和 MES 系统对动平衡机进行管理，当用户通过网络下单后，动平衡机厂家通过 ERP、MES 系统根据转子工作转速、质量与厂内动平衡机的规格型号以及作业情况分派下达动平衡任务，将每个转子动不平衡测试具体到每台动平衡机，提高作业效率。这样可对不同型号的多台动平衡的产能进行综合管理，实现生产任务的最优分配。根据转子的规格将转子动平衡测试自动安排在某台动平衡机上进行，这样可以省去人工判别的时间，提高动平衡机的工作效率。基于 ERP 和 MES 的动平衡机企业管理模式如图 5-1 所示，由计划层、执行层和控制层组成。从图中可以看出信息传递有两个方向：自上而下的信息传递和自下而上的信息反馈。ERP 运行之后根据转子动平衡测试订单将任务下达分配到相应的工作车间的 MES，订单中包含了转子参数、数量、完工时间和允许振动值等信息。MES 根据所获得信息生成更为详细的动平衡测试任务调度，将每台转子的动平衡测试分配到某台动平衡机和某位操作员。测试完成后控制层会将底层信息传输给 MES，包含左右校正面不平衡量的大小与相位、配重的大小与相位、配重后转子振动大小与相位、动平衡机编号、测试工人和测试时间等。MES 对这些信息进行整合后再将订单完成状况和动平衡机工作状态等信息上传给 ERP，形成一个闭环系统，ERP 再根据目前企业资源状态进行任务订单的下达。

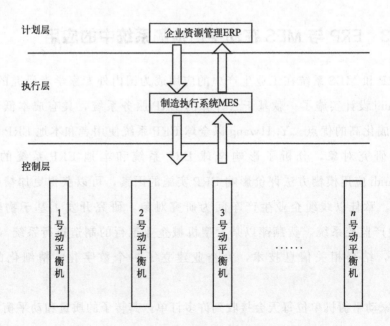

图 5-1　动平衡机企业管理模式

5.3
转子动平衡测试追溯

　　产品质量追溯在企业生产管理过程中具有十分重要的地位，通过质量追溯查看转子的历史动平衡测试过程信息，能够帮助管理者更全面地分析问题、解决问题。过程信息的可追溯性需要通过生产过程中实时的数据收集以及强大的数据汇总功能来实现。

　　转子动平衡追溯的基础是把所有与动平衡机测试相关的信息组织管理起来。这些信息主要有：动平衡测试操作人员，转子不平衡量的大小与相位，校正方式（去重或加重），校正量的大小和相位，所使用的动平衡机等。若想实现对转子动平衡测试的准确追溯就需对这些信息进行编码，这些编码不但是转子动平衡测试过程的记录，更是实现追溯的数字元素基础。转子动平衡测试的编码如表 5-1 所示。

表 5-1　基础信息编码表

名称	编码规则	示例
订单来源（厂家）	分类码 C＋厂商代号(4)	C3256
转子	分类码 R＋订单序号(3)＋分批号(3)	R555123
操作人员	分类码 P＋部门代号(2)＋流水号(2)	P0101
动平衡机	分类码 M＋车间代号(2)＋流水号(2)	M0805
矫正方式	加重:分类码 ad;去重:分类码 de	ad 或 de
时间	8 位数字	20220122

　　在转子动平衡测试中所求解的不平衡量大小与相位的编码格式如图 5-2 所示。1 表示转子不平衡分类码 Ub；2、4 分别表示左、右校正面不平衡量的大小，单位 g，用四位数字表示，前两位表示整数，后两位表示小数，如 0587 表示某校正面不平衡量大小为 5.87g；3、5 分别表示左、右校正面不平衡量的相位，单位（°），用三位数字表示，如 075 表示某校正面不平衡量的相位为 5°。

　　平衡后的转子在动平衡机上的振动量的编码格式如图 5-3 所示。1 表示转子平

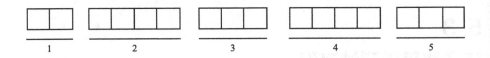

图 5-2　转子不平衡量大小与相位的代码表示

衡后振动分类码 Vi；2、4 分别表示左、右校正面不平衡量的大小，单位 mm/s，用四位数字表示，前两位表示整数，后两位表示小数，如 0059 表示某校正面不平衡量大小为 0.59mm/s；3、5 分别表示左、右校正面不平衡量的相位，单位（°），用三位数字表示，如 276 表示某校正面不平衡量的相位为 276°。

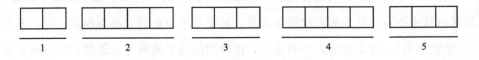

图 5-3　转子平衡后振动量代码表示

　　转子完成动平衡的校正之后，MES 系统会将上述信息按照一定格式通过 RS232 数据线发送给激光标识机，激光标识机以二维码的形式打到转子的某一位置。当转子在工作过程中出现振动问题时，厂商就可以通过扫描二维码获得转子动平衡测试的相关信息。

　　转子完成动平衡后会将相关信息录入 MES 系统，信息编码格式如表 5-2 所示。具体编码形式参考表 5-1 和图 5-2、图 5-3。

表 5-2　转子在动平衡机测试的编码格式

订单来源	转子	校正方式	不平衡量	操作人员	动平衡机	平衡后振动	测试时间

　　假设某一编码为 R156278 的航空发动机转子在运行过程中出现振动超标问题，以 R156278 为入口进行查询，结果如表 5-3 所示。通过查询可以获知该转子原始不平衡量的大小与相位、所采取的校正方式、操作人员、动平衡测试所使用的动平衡机以及测试时间等信息。分别以操作人员编码 PO211 和动平衡机编码 MO408 为入口可以查询到更为详细的人员信息和动平衡机信息。

表 5-3　对编码为 R156278 的转子进行查询

订单来源	转子	校正方式	不平衡量	操作人员	动平衡机	平衡后振动	测试时间
C1234	R156278	ad	Un05230560 742248	P0211	M0408	Vi003110 80011079	20151025

5.4
动平衡机系统的网络通信

动平衡机系统中的网络通信是指不同设备和模块之间通过网络进行数据传输和通信的过程。动平衡机系统中的网络通信主要包括以下几个方面。

（1）数据采集和传输

动平衡机系统需要对旋转部件进行测量和监控，通过传感器获取旋转部件的振动、速度、角度等数据，然后将数据传输到数据采集模块进行处理和存储。

（2）控制信号传输

动平衡机系统需要通过控制信号对旋转部件进行控制和调整，通过网络将控制信号传输到控制模块，控制旋转部件的转速、偏心量等参数，实现动平衡效果的优化。

（3）系统状态监控

动平衡机系统需要对各个模块和设备进行状态监控，通过网络实时获取各个模块和设备的状态信息，如设备运行状态、故障信息等，及时发现和解决问题，保证系统的稳定和可靠运行。

（4）数据共享和管理

动平衡机系统中的数据需要在不同的模块和设备之间进行共享和管理，通过网络实现数据的共享和管理，保证数据的准确性和一致性，提高系统的运行效率和管理水平。

综上所述，动平衡机系统中的网络通信是系统运行的重要组成部分，通过网络实现数据采集、控制信号传输、系统状态监控和数据共享和管理，提高系统的运行效率和管理水平，保证系统的稳定和可靠运行。

5.4.1 WiFi 技术的特点与优势

无线保真网络（wireless fidelity，WiFi）是一种使用无线电波传输数据的局域网技术。通过 WiFi 技术，可以在不使用电缆或电线的情况下，使计算机、智能手机等设备之间相互连接，实现互联互通，共享信息、文件和资源。WiFi 技术的核心是通过无线电波传输数据，它使用 IEEE 802.11 标准来规范局域网的无线连接。WiFi 设备包括无线路由器、无线网卡、无线桥接器等，这些设备通过一定的频率、功率和距离限制来实现无线连接。当设备之间建立无线连接时，它们会互相发送信号，确认彼此的身份和功能，然后开始传输数据。

WiFi 技术优点如下。

（1）无线连接

WiFi 技术能够实现无线连接，不需要使用传统的有线连接，这意味着用户可以在没有任何限制的情况下移动他们的设备。

（2）灵活性

WiFi 技术可以非常灵活地部署，可以在几乎任何地方快速设置一个 WiFi 网络，这使得用户可以轻松地访问网络资源，而不必担心设备的位置或连接方式。

（3）高速连接

WiFi 技术能够提供快速的数据传输速度，允许用户轻松地共享大型文件或流媒体内容。

（4）节省成本

WiFi 技术的网络化通信可以节省成本，因为不需要使用传统的有线连接或电话线路。这可以使用户在没有任何限制的情况下，更容易地部署网络。

（5）轻松管理

WiFi 技术的网络化通信可以轻松管理。网络管理员可以轻松地监视和管理网络，并根据需要配置或升级网络设置。

（6）更好的可移植性

使用 WiFi 技术进行网络化通信，用户可以轻松地连接到不同的网络，而无需更换硬件或重新配置网络设置。这使得用户使用更加灵活，可以在任何地方访问网络资源。

（7）更好的用户体验

WiFi 技术的网络化通信可以提供更好的用户体验，因为用户可以轻松地连接到网络，并访问他们需要的资源。这使得用户使用更加方便，可以更有效地使用他们的设备。

网络桥接器［或称接入点（access point，AP）］，是连接有线局域网与无线局域网络的纽带，因此任何一台安装有无线网卡的终端都可通过 AP 连接网络，实现网络互连互通，AP 工作原理是相当于一台无线路由器，能实现数据收发功能。

安卓（Android）系统支持 Java 提供的 TCP(transmission control protocol) 和 UDP(user datagram protocol) 网络通信的 API。在 Android 系统中，Java 提供了用于 TCP 和 UDP 网络通信的 API。下面是对这两个协议和相关 API 英文术语的解释和阐述。

TCP 传输控制协议：TCP 是一种面向连接的协议，它在数据传输之前需要先建立一个连接。数据在发送时会分割成多个数据包进行传输，并且能够保证数据的可靠性，即确保数据的传输顺序和完整性。TCP 协议在网络通信中使用广泛，如 HTTP 协议就是基于 TCP 协议的。

TCP 协议的主要特点如下。

（1）面向连接

TCP 协议是一种面向连接的协议，通信双方在通信之前需要建立一个连接，建立连接后才能进行数据传输。

（2）可靠性

TCP 协议可以对数据进行分组、排序、重传等操作，从而保证数据的完整性和可靠性。

（3）流量控制

TCP 协议可以通过滑动窗口机制进行流量控制，从而控制数据的传输速度，避免网络拥塞。

（4）拥塞控制

TCP 协议可以通过拥塞窗口机制进行拥塞控制，避免网络拥塞和数据丢失。

（5）全双工通信

TCP 协议支持全双工通信，通信双方可以同时发送和接收数据。

（6）头部信息

TCP 协议具有可靠的数据传输，例如在网页浏览、文件传输、电子邮件等应用中都使用了 TCP 协议。同时，TCP 协议也是一种通用的协议，可以用于各种不同的应用和场景中。

5.4.2　Android 平台的体系结构

Android 系统是一种以 Linux 为基础的开源操作系统，由 Google 和开放手持设备联盟开发与领导。Android 系统最初由 Andy Rubin 开发，最初主要支持手机，现在逐渐拓展到平板电脑、家用电器和汽车等领域。Android 系统采用一种被称为软件叠层的方式进行构建，层与层之间相互分离，各层分工明确。图 5-4显示了 Android 系统体系结构。

图 5-4　Android 系统体系结构

从图中可以看出，Android 系统主要有应用程序层、应用程序框架层、函数库、程序运行时和 Linux 内核层组成。应用程序层包含了许多用 Java 语言编写的应用程序，如信息、日历、支付宝等；应用程序框架层提供了大量的 API 供开发者使用，应用程序的开发实际上是面向底层的应用程序框架进行的；函数库包含了一套被不同组件所使用的 C/C++库的集合，如系统 C 库、媒体库和数据库 SQLite，程序开发者可以通过应用程序框架调用这些库。Android 运行时由 Android 核心库集和 Dalvik 虚拟机两部分组成，其中核心库集提供了 Java 语言核心库所能使用的绝大部分功能，而虚拟机则负责运行 Android 应用程序；Linux 内核层提供了进程管理和驱动模型等核心系统服务。

在 Android 系统中，Java 提供了适用于 TCP 通信的 API，比如 Socket 类和 ServerSocket 类。Socket 类表示一个网络通信的套接字，可以用于发送和接收数据，而 ServerSocket 类用于在本地计算机上监听一个端口，等待客户端的连接请求。

UDP 用户数据报协议：UDP 是一种无连接的协议，它发送数据时不需要先建立连接。数据会被分割成多个数据包进行传输。UDP 协议适用于实时应用，如音视频流媒体，因为它能够快速传输数据，并且不需要进行大量的确认和重传操作。

UDP 协议的主要特点如下。

① 无连接。UDP 协议是一种无连接的协议，通信双方之间没有建立连接，直接进行数据传输。

② 简单性。UDP 协议比 TCP 协议更加简单，没有复杂的头部信息和控制机制，因此传输速度更快。

③ 低延迟。由于没有连接建立和可靠性保证，UDP 协议的传输速度更快，适用于对延迟要求较高的应用和场景，例如实时音视频传输、网络游戏等。

④ 广播和多播。UDP 协议支持广播和多播，可以同时向多个目标发送数据。

在 Android 系统中，Java 提供了用于 UDP 通信的 API，如 DatagramSocket 类和 DatagramPacket 类。DatagramSocket 类表示一个 UDP 套接字，可以用于发送和接收数据包，而 DatagramPacket 类则用于表示一个 UDP 数据包，包含数据和目标地址等信息。

总之，TCP 和 UDP 是网络通信中常用的协议，它们各自具有不同的特点和适用场景。在 Android 系统中，Java 提供了用于 TCP 和 UDP 通信的 API，可以方便地实现网络通信功能。

UDL 是用户数据包协议，该协议不提供数据包分组、组装，也不能对数据包进行排序，因此无法得知数据是否被安全完整地送到指定设备。TCP 是一种面向连接的、可靠的、基于字节流的运输层通信协议，其可靠性高，能够确保传输数据的准确性，且不易出现丢失或乱序的现象。因此本书选用 TCP 协议作为数据传输协议。对于 TCP 协议，Java 提供了 ServerSocket 类和 Socket 类分别应用于服务器端与客户端的 Socket 通信。

本书通过 WiFi 实现平板电脑向云服务器的数据发送。首先基于 TCP 协议在平板电脑和云服务器之间形成虚拟网络链路，使用 ServerSocket 创建服务器端，然后在平板电脑客户端使用 Socket 的构造器来连接服务器，平板电脑通过 WiFi 连接与云服务器处于同一网络范围的局域网。两个通信实体在建立虚拟链路之前需要有一方先准备好，并主动接受来自其他通信实体的连接请求。

由于服务器无法确定哪台动平衡机在何时连接本地，也无法获取客户端的地址和套接字，因此需要创建 ServerSocket 对象，不断监听来自平板电脑终端的连接请求。当有平板电脑发出连接请求时，服务器端接收该请求并进行连接，连接成功后，启动一个新的线程和该客户端进行通信。

平板电脑向云服务器传输数据的格式如表 5-4 所示，数据中各部分详细内容如表 5-5 所示。

表 5-4　WiFi 通信数据格式

字段名	帧头	数据帧长度	转子名称	动平衡机 ID	测试数据	CRC_16 校验
长度（字节）	1	1	2	1	32	2

表 5-5　WiFi 通信数据各部分详细内容

字段名	取值	说明
帧头	01	一帧数据的开始
数据帧长度	39	数据帧长度
转子名称	0～65535	转子编号
动平衡机 ID	0～255	转子动平衡测试所用动平衡机编号
测试数据	0～255	动平衡机测试相关数据
CRC_16 校验	0～255	对数据进行校验

平板电脑作为客户端创建 Socket 对象，客户端通过给定的 IP 地址和端口号调用 Connect() 方法向指定的服务器发起连接请求，服务器端监听到平板电脑的请求后就会自动建立客户端与服务器端的连接，此时服务器端调用 Accept() 函数，设置一个阻塞，等待客户端的数据，若客户端携带的 IP 地址和端口号与服务器端匹配，Connect() 方法正常执行，然后客户端就会开启一个后台服务线程专门负责与服务器的通信，而当连接失败并抛出异常时，就会提示用户重新建立 Socket 连接。当客户端与服务器连接成功后，客户端调用 Write() 函数将数

据写入输出流，服务器端通过调用 Read() 函数获取输入流中的数据，实现平板
电脑向服务器的数据发送，其通信流程如图 5-5 所示。

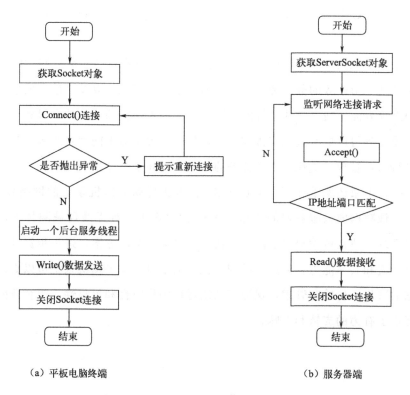

（a）平板电脑终端　　　　　　　　（b）服务器端

图 5-5　WiFi 通信流程

5.5
本章小结

　　本章详细介绍了企业资源规划（ERP）和制造执行系统（MES）在动平衡
机系统中的关键应用。随着现代企业生产管理模式的不断演进，ERP 和 MES 系
统作为数字化转型的关键工具，极大地提升了企业生产管理的效率和水平。ERP
系统通过整合企业各个部门的信息和业务流程，提供了全面的管理和决策支持，
从财务管理到供应链管理，再到人力资源管理，实现了企业资源的高效利用和协
同工作。

　　与此同时，MES 系统作为 ERP 系统的补充，专注于生产车间的操作层面，

提供了诸如工单管理、物料追踪、质量管理以及设备监控等关键功能模块，实现了生产过程的实时监控和追踪。通过与设备自动化系统的集成，MES 系统进一步提高了生产过程的自动化程度，减少了生产过程中的错误和延迟，提高了生产效率和产品质量。

在动平衡机系统中，ERP 和 MES 系统的应用体现在动平衡机测试的全面管理，包括动平衡任务的分派和调度，数据的收集和记录，以及订单完成情况的反馈和跟踪等方面。通过这些系统的协同工作，动平衡机的工作效率得到了显著提升，各项任务得以更有效地安排和执行，从而实现了对不同型号的多台动平衡的产能进行综合管理，优化了生产任务的分配，提高了整体生产效率。

另外，本章还着重介绍了通过 WiFi 技术实现动平衡机系统的网络化通信，实现了本地数据向云服务器的传输。WiFi 技术作为一种无线局域网技术，为动平衡机系统的数据传输提供了高效、快速、灵活的解决方案，进一步提升了系统的信息交流和共享能力。通过这种网络化通信手段，动平衡机系统可以更好地实现数据的采集、传输和管理，保证了系统运行的稳定性和可靠性，为企业的生产管理提供了有力的支持和保障。

第6章
盘式转子气悬浮动平衡检测试验台样机开发与试验

6.1
引言

为了验证本书提出的气悬浮动平衡理论的正确性与可行性，基于上述章节中的气悬浮动平衡检测原理、误差分析、仿生学原理、去噪和数据融合技术，开发了检测软件平台，搭建了盘式转子气悬浮动平衡检测试验台。通过实验数据，验证了新理论的正确性，同时气悬浮动平衡检测平台的性能达到了预期的目标。

6.2
设计试验台系统结构

6.2.1　试验台目标

在气悬浮动平衡检测试验台设计中，利用气悬浮原理，使用现代产品设计方法，借助现代信息技术，总结了动平衡机设计的共同特点，建立计算机辅助动平衡检测产品快速设计平台，可以有效管理设计数据，评估设计结果，进而提高气悬浮动平衡检测平台整体技术和综合性能。

（1）设计目标

气悬浮动平衡检测试验台结构设计、动平衡检测系统设计。

（2）气悬浮动平衡检测平台的用途及使用范围

小型电动工具、小型电机转子及小型旋转类需要进行平衡校正的工件，也可以用于教学实验等场合。

本书对气悬浮动平衡检测试验台的实际目标并非能完全定制，对未来市场的预测可能有误，系统模块建立可能并不够完善，因此该试验台在设计与使用中，还需要进一步完善、更新以及创新。

6.2.2　试验台设计原则

气悬浮动平衡检测试验台是在 CAD、CAE、虚拟仪器技术基础上建立的系统。在试验台的设计过程中要遵循以下设计原则。

（1）交互性能

在满足试验台功能要求，符合软件规范的前提下，设计人机界面。有效地使用各种方式允许设计者用下拉列表框的方式交互地输入或者选择必要的参数。用图片或图表的形式，可以生动地比较和分析一些结构类型。同时能够方便地让使用者操作。

（2）智能性能

利用智能导航帮助设计人员完成试验台设计。为了完成设计决策，需要设计者确定一些类型以及参数，设计平台负责一般知识的提供，同时按照提示做出相应决策。

（3）模块性能

通过综合考量试验台的使用、开发、维护及其扩展的便利性，对整个气悬浮动平衡检测试验台进行模块化的结构设计。在同一模块中完成相似的设计任务以及设计过程，一些具有相对独立功能的子模块构成一个模块。子模块可以独立进行开发，也可以在调试后进行连接，形成能够完成某些功能的模块。经过调试的功能模块构成一个工程设计平台，该平台可以独立处理实际问题。

（4）准确性能

整个系统应确保测量数据的完全准确性，包括传感器的选择、数据采集和系统的后台处理，以尽量减少不必要的系统错误。为了保证测试结果，应充分考虑机器操作、数据采集、计算机操作和现场环境的影响。例如，来自地面的低频干扰和传输干扰、电荷放大器输出的高频噪声、信号滤波和放大过程中小信号信道受到的参考信道的干扰，还要考虑直流零点漂移受到环境温度变化的影响等。所有这些因素都对测试系统的测量精度有重要影响。

（5）可拓展性能

在试验台的设计开发中，应该考虑当设备在未来使用中需要更新时，新的功能模块能够直接添加到已在使用中的设计平台上，同时新旧模块能够协调工作，且保证添加的新模块功能能够正常使用。

（6）集成性能

设计试验台中每个模块既能够独立运行，同时也能够集成到一个整体系统中，使代码的使用率不断提高。在此基础上使试验台的开发、调试以及维护等工作效率随之提高，在保证平台的稳定性、可靠性的前提下，很好地提高操作者在使用中的灵活性。

6.3
试验台结构模型

盘式转子气悬浮动平衡机检测试验台的设计架构如图 6-1 所示，由气悬浮动平衡检测试验台系统、信号采集去噪处理系统、信号误差处理系统、数据库服务器、MATLAB 服务器以及客户端组成。

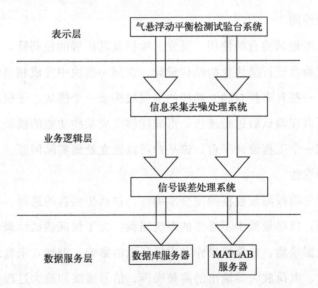

图 6-1　设计试验台实现架构

数据库服务器以 Microsoft SQL Server 2000 作为数据库管理系统，为整个平台提供数据服务，MATLAB 服务器安装的是带有优化、信号处理的工具箱和 MATLAB Server 模块，为平台提供强大的计算、优化、仿真支持，仅在服务器端进行。

本书采用 MATLAB、SIMULINK 以及 DSP(developer studio project) 工具箱对测量系统建模，验证测量系统的处理效果、性能，优化测量系统的参数。测量方案确定后，用 Real-Time Workshop(RTW) 生成测量系统的 C 代码，生成的 C 代码可载入原型目标板。测量系统的开发流程如图 6-2 所示。

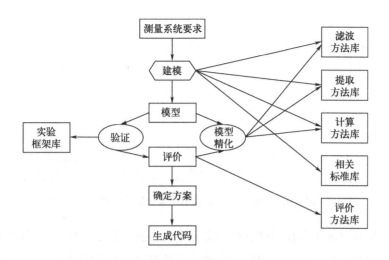

图 6-2　气悬浮动平衡测量系统开发流程

　　上述设计方法充分利用 MATLAB、SIMULINK 与 Real-Time Workshop 所提供的集成设计环境完成对测量系统的设计、建模与仿真。使得系统设计者可以在确定设计方案之前，及早了解系统性能，纠正设计缺陷。利用 RTW 生成可移植的 C 程序代码，与传统设计方法相比，开发周期更短、费用更低、效率更高。

　　产品结构管理是组织和管理产品数据的有效方法。产品结构管理是在产品结构基础上组织产品数据，以实现用户能够在了解产品结构层次关系的基础上完成对产品结构的定义。使装配体和零件与描述它们的数据之间相互关联。建立产品的结构模型，提供相应导航机制，以便进行数据查询，使用户在查找所需数据时，在权限允许的情况下能以最快的速度获得结果，产品本身的结构可以根据需求不断丰富和完善。

　　产品结构配置是指组件的设计或选择，根据用户需要的功能要求，结合已建立的完整产品结构和设计功能要求，进行组件选择。再根据组合规则、装配关系以及相应条件完成装配，从而构建平台。产品结构配置的底层支持是数据库，组织核心是产品模型，将所有项目数据以及定义产品的文档连接，通过上述过程完成对产品数据的组织以及控制，从而进行管理。并且在特定条件下，为用户和应用系统提供不同的产品结构视图。具体气悬浮动平衡检测平台结构层次模型如图 6-3所示。

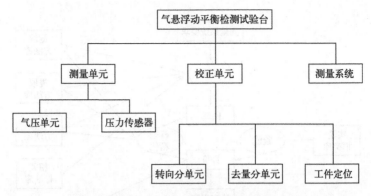

图 6-3　气悬浮动平衡检测试验台结构层次模型

由于气悬浮动平衡检测试验台具备典型组合及系列化的特性，所以其能够实现按照用户的不同需求匹配相应工位数的气悬浮动平衡检测平台，只需要改变夹具，其他条件均相同。因此，气悬浮动平衡检测试验台的快速定制设计采用两种方式。

① 产品配置可以通过现有平台进行设计，满足用户要求的平台可以通过模块组合形成。

② 由于用户的多样性需求不能通过简单的配置设计满足要求，在这种情况下，可以通过平台配置提供的变形设计来满足用户需求。

气悬浮动平衡检测试验台设计流程如图 6-4 所示。

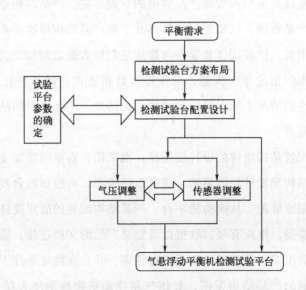

图 6-4　气悬浮动平衡检测试验台设计流程

6.4
气悬浮动平衡检测系统

本书采用虚拟仪器应用系统，其功能主要包括：虚拟现实仪器面板、实现测试功能的信号处理、实现对接口设备的控制，基于虚拟仪器技术的软件系统，其流程如图 6-5 所示。

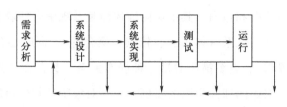

图 6-5　虚拟仪器技术软件流程

虚拟仪器技术软件系统具有软件和虚拟仪器的双重特性，它需要按照软件的工程规定进行设计与开发，同时需要具备控制、分析等功能。虚拟仪器应用系统由许多面板构成，在每个面板中包含许多控件，而每个控件都可以定义响应处理函数。点击控制功能可以控制状态参数、执行数据采集等操作，图形控件可以显示出波形数据与数据计算处理结果。

根据软件工程的思想，目前实施与开发系统的方法有很多，如结构分析设计技术（SADT）、集成定义方法（IDEF）、面向对象设计方法（OODT）以及统一建模语言（UML）等。UML 是标准建模语言，在面向对象技术领域占主导地位，能够支持从需求分析到软件开发的全过程。UML 作为建模语言，其定义包括 UML 语义以及 UML 表示法。

（1）UML 语义

描述基于 UML 的精确元模型定义。元模型为 UML 的所有元素在语法和语义上提供了通用的定义说明，并且十分简单，能够满足让参与的开发者在语义上达成一致的需求，避免了因人而异的表达方法产生的影响。另外，UML 还支持对元模型的扩展定义。

（2）UML 表示法

UML 是一种标准化的图形化建模语言，全称为统一建模语言（unified

modeling language)。它是一种描述和设计软件系统的可视化语言,用于帮助开发人员和团队更好地理解、分析和设计软件系统。定义 UML 符号表示法,为开发者或开发工具使用这些图形符号以及文本语法来进行系统建模提供了标准。这些图形符号以及文本表达的是应用级模型,语义上它是 UML 元模型的实例。标准 UML 的重要内容由以下 5 类图定义。

(1) 用例图

从用户角度描述系统功能,并指出各功能的操作者。

(2) 静态图

包括类图、对象图和包图。其中类图描述的是系统中类的静态结构,既定义系统中的类、类之间的联系(如关联、依赖、聚合等),同时还包括类的内部结构(类的属性和操作)。类图描述的是一种静态关系,其存在于系统的整个生命周期,始终有效。对象图即为类图的实例,由于对象图具有生命周期,因此对象图只能存在于系统某一时间段内。包图由包或类构成,它能够表示包与包之间的关系,用其描述系统分层结构。

(3) 行为图

行为图描述系统的动态模型以及组成对象二者之间的交互关系。其中,状态图描述类的对象所有可能的状态以及事件发生时状态的转移条件。状态图通常是对类图进行的补充。活动图能够描述满足用户要求所要进行的活动以及活动时间的约束条件,有利于识别与进行活动处理。

(4) 交互图

描述对象间的交互关系,其中顺序图显示对象间的动态合作关系,强调对象间的消息发送顺序,同时显示对象之间的交互。合作图描述的是对象之间的协作关系,同时显示对象之间的动态合作关系。如果强调时间和顺序,则使用顺序图,如果强调上下级关系,则选择合作图。

(5) 实现图

其中构件图描述的是代码部件的物理结构及其各部件之间的依赖关系。一个部件可能是一个资源代码部件,或者一个二进制部件,也可能是一个可执行部件,它包含逻辑类或实现类的相关信息。部件图能够帮助分析部件之间的相互影响程度。

配置图对系统中软硬件的物理体系结构进行定义,能够显示计算机、设备以及它们之间的相互连接关系，同时能够显示连接的类型及各部件之间的相互依赖性。将可执行部件和对象置于节点内部，目的是用来显示节点同可执行软件单元之间的对应关系。

从实际应用角度看，进行系统设计时，需要做到以下几点。①描述用户需求。②根据用户需求建立系统模型，构造出测试系统。③对系统行为进行描述、其中前两步建立的系统模型都是静态模型，包括列图、类图、对象图、组件图和配置图，是 UML 的静态建模机制。④建立能够实时表示系统的时序状态和交互关系动态模型，包括状态图、活动图、顺序图和合作图，是 UML 的动态建模机制。综上所述，标准建模语言 UML 主要可以归纳为静态建模机制和动态建模机制。

气浮式动平衡测量系统各功能模块的 IPO 描述见表 6-1。

表 6-1　功能模块的 IPO 描述

功能模块	输入	处理	输出
设置系统参数	从文件 xtcs.dat 读取数据	修改系统参数	将系统参数覆盖 xtcs.dat
测量质量、质心	(1)转子质量、悬浮盘质量 (2)转子和悬浮盘组合后质量 (3)转子和悬浮盘组合后放在托架上的质量	(1)计算转子质心位置 (2)计算转子与悬浮盘组合后质心位置 (3)计算悬浮盘质量和质心位置	将质量、质心数据写入文件 zlzx.dat
标定传感器	(1)千分表读数 (2)位移传感器读数	(1)采集传感器数据 (2)计算位移与传感器输出之间的比例	将数据写入文件 cgqbd.dat
触发信号	光电开关数据	(1)采集光电开关数据 (2)计算转速数据	将数据写入文件 trigger.dat
测量悬浮盘初始静不平衡量	(1)系统参数 (2)质量、质心位置 (3)位移传感器读数	(1)采集位移传感器读数 (2)计算悬浮盘静不平衡量	将数据写入文件 gzo.dat
测量转子初始静不平衡量	(1)系统参数 (2)质量、质心位置 (3)位移传感器读数	(1)采集位移传感器读数 (2)计算转子静不平衡量	将数据写入文件 gjo.dat
测量转子初始偶不平衡量	(1)系统参数 (2)质量、质心位置 (3)位移传感器读数	(1)采集位移传感器读数 (2)计算转子偶不平衡量	将数据写入文件 gjco.dat
监测气压	传感器读数	计算气压值	

建立动平衡测量系统的包图如图 6-6 所示。将整个测量系统划分为六个包，分别为初始化系统、监控气压、悬浮盘静不平衡量、悬浮盘偶不平衡量、转子静不平衡量、转子偶不平衡量，它们分别对应六个子系统，相互之间不存在依赖关

系，数据通过文本文件完成共享。

　　主面板类依赖六个菜单类，它们能够分别触发不同的应用面板，同时每个应用面板对应着两类响应函数，分别为应用面板打开时的响应函数以及控件触发对应的回调函数。

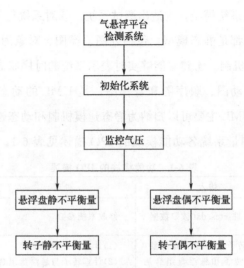

图 6-6　气悬浮动平衡测量系统包图

气压分布测量系统各功能模块的 IPO 描述见表 6-2。

表 6-2　功能模块的 IPO 描述

功能模块	输入	处理	输出
零点漂移	传感器数据	(1)获取数据 (2)计算显示压力值	全局变量
测量气压	传感器数据	(1)获取数据 (2)计算补偿压力值	(1)控制指令 (2)写入文件 qyz. dat
分析压力	气压数据文件 qyz. dat	显示压力	(1)压力分布图形 (2)压力曲线

　　建立气压分布测量系统的包图如图 6-7 所示。整个测量系统划分为三个包，分别为零点气压测量、实时压力测量、压力分析，它们分别对应三个子系统，相互之间不存在依赖关系，数据通过文本文件完成共享。

　　主面板类依赖三个命令按钮类，它们能够分别触发不同的应用面板，同时每个应用面板对应两类响应函数，分别为应用面板打开时的响应函数以及控件触发对应的回调函数。

　　气悬浮动平衡检测系统主界面包括初始化、悬浮盘静平衡、检测工件静平衡、检测工件偶平衡、气压控制、结束。系统主界面如图 6-8 所示。

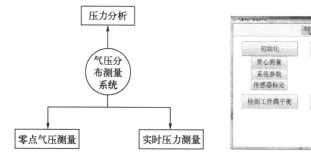

图 6-7　气压分布测量系统包图　　　　图 6-8　气悬浮动平衡检测系统主界面

　　点击"初始化"菜单中的"系统参数"，对其系统参数进行设置，可设置参数如图 6-9 所示。

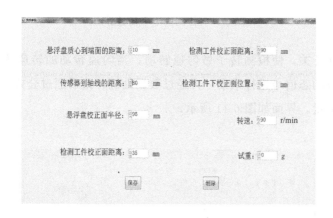

图 6-9　系统参数界面设置

　　系统参数主要是转子的结构参数，设置系统参数并且保存到文件 xtcs.dat 中。在菜单初始化中单击菜单项"质心测量"，输入转子以及悬浮盘平衡读数，对质心的质量以及轴向位置进行计算，同时保存在文件 zlzx.dat 中。把触发信号分为两个通道，一个连接模拟信号输入端，另一个连接触发端。能够对触发信号进行检测，从而判断其是否均匀、稳定，以及其是否存在误触发等，同时能够计算出速度。在速度达到指定速度后进行位移信号的收集。

　　将三个位移传感器放在位移传感器校准机构上，并将其固定，悬浮盘置于测量台上。使测量基准面位置朝向位移传感器，同时三者之间保持适当的距离。输出电压值和三个传感器位移之间的比例系数可以通过千分表读数和位移传感器采集的数据计算得出。分别收集 0°和 180°的位移信号，可以计算和校正悬浮盘的静态不平衡。当转子固定在悬浮盘上处于稳定悬浮状态时，能够收集 0°以及 180°的位移信号，并可以计算出校正转子的静不平衡量。界面如图 6-10 所示。

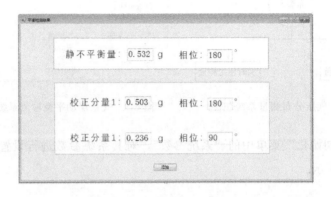

图 6-10　检测静不平衡量界面

打开启动开关，使检测转子做匀速转动，当匀速转动的转速达到规定速度时，传感器对动态信号进行采集，再经过数据处理，最后通过公式计算出检测工件的偶不平衡量。界面如图 6-11 所示。

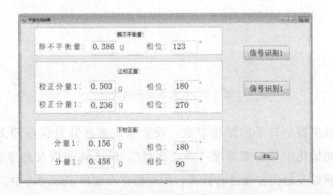

图 6-11　检测偶不平衡量界面

气压分布测量系统包括原点偏移、测量、分析、结束等功能键，具体界面如图 6-12 所示。

步进电机在微机的控制下驱动探头进行摆动和旋转，从而测得压力值。并将所测数据存储在数据文件中。整个平台的压力分布以及沿子午线和纬度方向的压

图 6-12　气压分布测量系统界面

力数值均能够通过该过程实时动态地显示。气压分布图如图 6-13 所示。

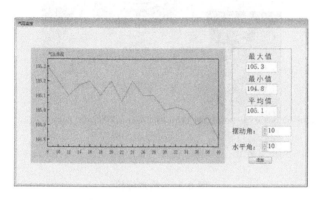

图 6-13　气压分布

根据测量所得结果可知，在整个测量范围内压力波动小于 1kPa，满足设计要求。沿经线方向间隙内的压力随着摆角的增大而减小，最终接近大气压，符合理论分析。

6.5
样机开发与测试

应用上述技术，结合前几章关于气悬浮动平衡检测试验台关键技术的研究，研制了相应的原理和装置，并开发了测量控制软件。建立了基于仿生学原理、气悬浮技术、数据融合技术等自适应动平衡检测设备的物理样机。验证了气悬浮动平衡检测技术的正确性和实用性。根据实验确认了新原理的正确性，加深了对核心技术的掌握，并根据实验结果改进原理样机的结构，推动新技术、新方法的发现和验证，进一步提升检测平台功能性和实用性。使转子的平衡生产以及质量管理实现一体化，使产品具有更好的一致性以及稳定性，在未来工业发展中，具有良好的经济效益和社会效益。物理样机如图 6-14 所示。

图 6-14　物理样机

该气悬浮动平衡检测平台具有以下特点：

① 可重构模块化设计策略。该系统由相对独立功能的模块组成，如动平衡测量，校正等。每个模块可以独立运行或相互集成。因此具有良好的互换性，重组性，使用方便。

② PCI 总线是信息传输的桥梁。它不仅使现有的测控系统具备了先进的技术，而且使系统在系统扩展，系统定制和系统更新中具有广阔的空间。

③ 灵活的工作模式。通过软件设置，系统可以改变应用对象、使用范围和校正模式，实现具有高灵活度的动态组合和工作节奏的协调。

④ 智能检测和安全保护功能。为了提高系统的智能化程度，系统的初始化和处理过程都经过测试，以确保在系统出现故障时能够准确找到故障原因。另外，系统设计特别注意系统的安全性能，应从多方位、多层次提高系统的安全性能。

⑤ 可靠性高。由于被测转子的动平衡检测处于整个转子加工处理过程的最后阶段，一旦转子被丢弃，损失将更加严重，因此需要系统具有可靠性。考虑到检测环境恶劣的情况，硬件设计中需要将输入和输出数据进行光耦隔离，输入和输出数据在软件中需经过多重合性检验。在人机界面设计中，需考虑人性化操作，尽量避免转子废料引起的误操作。

实验步骤如下：

① 针对气悬浮动平衡检测试验台，标定位移传感器，通过测量和计算得出位移传感器输出值与位移的比值。

② 测量转子和悬浮盘的质量以及轴向质心的位置。

③ 调整气悬浮动平衡检测试验台上的螺母，保证测量试验台能够处于水平位置。

④ 调整位移传感器与悬浮盘之间初始间距，保证位移传感器的输出电压在 2.5V 左右。

⑤ 对气悬浮动平衡检测试验台上悬浮盘本身的静不平衡量进行测量与校正。

⑥ 对被检测工件进行平衡检测，检测出转子的静不平衡量和偶不平衡量。

⑦ 在理想转子的上、下校正面加试重，从而检测静偶测量精度。

实验流程如下：

（1）校准位移传感器

将悬浮盘倒置于位移传感器的校准装置上，调节拧紧螺母，使位移传感器与悬浮盘之间有轻微接触，记录下千分尺的读数 L_0，同时记录位移传感器输出电压值 V_0。螺杆调节螺母使位移传感器远离悬浮盘到位移传感器测量范围内，记录下千分尺的读数 L_1，同时记录位移传感器输出电压值 V_1。记录输出电压和位移传感器位移的数据，如表 6-3 所示。

表 6-3　位移传感器标定结果

序列号	距离/mm	输出电压值/V		比值/(V/mm)	
		传感器 1	传感器 2	传感器 1	传感器 2
1	0.003	2.356	2.322	5.935	6.236
	0.001	3.102	2.563		
	0.103	2.765	3.231		
2	0.002	2.365	2.538	5.924	6.325
	−0.001	3.024	2.456		
	0.102	2.754	1.936		

序列号	距离/mm	输出电压值/V		比值/(V/mm)	
		传感器 1	传感器 2	传感器 1	传感器 2
3	−0.003	2.765	2.314	5.920	6.231
	−0.001	2.635	3.213		
	0.105	2.598	1.986		
4	0.103	2.382	2.635	5.935	6.134
	−0.003	2.956	2.367		
	0.101	3.365	2.234		
5	−0.002	3.362	2.385	5.967	6.245
	0.001	2.635	1.862		
	0.003	2.354	2.318		
6	−0.103	2.879	1.968	5.912	6.354
	0.001	2.356	1.956		
	0.004	2.893	2.016		
7	0.102	2.365	2.325	5.937	6.238
	0.101	2.368	2.364		
	−0.108	3.263	3.065		

从表 6-3 可以看出，不同传感器电压和位移的比值不同，同一材料不同表面的处理方法对电压和位移的比值关系也有影响，因此在测量之前必须校准位移传感器。从校准结果可以看出，输出电压与位移传感器位移之比也不同，这与传感器的静态特性以及温度稳定性有关，还受校准机构的误差影响。通过多次测量能够尽量缩小差异。为了能够精确校准位移传感器，需要把位移传感器固定在三坐标测量机上，进而对读数和位移传感器的输出电压进行校准。

（2）轴向质心的测量

悬浮盘两质点间距为 160mm，转子质心距离基准面高度为 78.02mm，具体测量数据，如表 6-4 所示。

表 6-4　转子和悬浮盘测量数据

工件	质量/g	工件	质量/g
转子	298.36	加上转子后	730.44
悬浮盘	585.07		

将转子和悬浮盘组合后，可以得到组合件的质量与质心，从而计算得出悬浮盘的质量和质心。组合件质心距离基准面距离为 1.86mm，悬浮盘质心距离基准

面距离为 14.27mm，具体测量数据如表 6-5 所示。

表 6-5　组合件数据表

工件	质量/g	工件	质量/g
组合件	2217.82	加上组合件后	559.28
加组装件后	586.07	悬浮盘	1919.7

（3）悬浮盘静平衡检测

将悬浮盘放在水平气嘴面上，将供气开关缓慢打开，使悬浮盘处于稳定悬浮。启动"气悬浮动平衡测量系统"，进入"悬浮盘静平衡"界面，点击"数据采集"按钮，则系统会显示数据波形和静平衡校正量的幅值和相位。关闭气体开关按钮，使悬浮盘稳定下降，按照规定要求在其校正面上加校正量，并再进行一次测量，到静不平衡量小于 5mg 为止。悬浮盘静不平衡量数据如表 6-6 所示。

表 6-6　悬浮盘静不平衡量检测数据

项目		静不平衡量		校正量 1		校正量 2	
	序列号	大小/g	角度/(°)	大小/g	角度/(°)	大小/g	角度/(°)
静平衡校正前	1	0.235	316	0.166	180	0.164	90
	2	0.235	315	0.168	180	0.165	90
	3	0.234	317	0.166	180	0.163	90
	4	0.234	315	0.167	180	0.165	90
	5	0.234	317	0.168	180	0.166	90
	平均	0.234	316	0.167	180	0.164	90
静平衡校正后	1	0.003	16	0.005	180	0.001	270
	2	0.005	96	0.003	0	0.002	270
	3	0.004	236	0.003	0	0.002	270
	4	0.003	156	0.001	0	0.002	90
	5	0.005	206	0.004	0	0.002	90
	平均	0.004	0	0.003	0	0.002	0

（4）转子静平衡量检测

将转子与悬浮盘进行装配，并缓慢打开阀门以保证转子能够稳定悬浮。启动"气悬浮动平衡检测系统"，进入"转子静平衡"界面，单击"数据采集"按钮，系统会显示出数据波形以及转子静平衡校正的幅值和相位。关闭供气开关，使转子稳定下降。按照提示在校正面上进行校正，最后重复进行检测，直到静态不平衡量小于 5mg 为止。具体数据如表 6-7 所示。

表 6-7　转子静不平衡量检测数据

项目	序列号	静不平衡量		校正量1		校正量2	
		大小/g	角度/(°)	大小/g	角度/(°)	大小/g	角度/(°)
静平衡校正前	1	0.543	168	0.528	0	0.117	270
	2	0.540	169	0.530	0	0.118	270
	3	0.546	168	0.532	0	0.114	270
	4	0.541	167	0.529	0	0.115	270
	5	0.545	167	0.531	0	0.116	270
	平均	0.543	316	0.530	180	0.116	90
静平衡校正后	1	0.005	186	0.005	180	0.002	90
	2	0.004	296	0.003	0	0.005	90
	3	0.005	236	0.003	180	0.001	90
	4	0.006	156	0.003	0	0.005	270
	5	0.005	206	0.002	0	0.004	270
	平均	0.005	0	0.003	0	0.003	0

（5）转子偶平衡检测

将转子与悬浮盘进行装配，并缓慢打开阀门以保证转子能够稳定悬浮，打开启动开关，转子开始转动，当测量转速达到 100r/min 时，将其开关关闭。进入"转子偶平衡"界面后，当所测量的速度逐渐降低到 90r/min 时，开始对其数据进行采集，然后进行计算，进而得到转子偶平衡校正量的幅值和相位。随后打开制动开关，使转子停止旋转，将供气开关关闭，则转子稳定下降。按照提示在校正面上进行校正，最后重复进行检测，直到静态不平衡量小于 10mg 为止。具体数据如表 6-8 所示。

表 6-8　转子偶不平衡量检测数据

项目	序列号	偶不平衡量		上校正面				下校正面			
		大小/g	角度/(°)	校正量1		校正量2		校正量1		校正量2	
				大小/g	角度/(°)	大小/g	角度/(°)	大小/g	角度/(°)	大小/g	角度/(°)
偶平衡校正前	1	0.35	285	0.33	0	0.09	90	0.33	180	0.09	270
	2	0.36	286	0.33	0	0.08	90	0.35	180	0.09	270
	3	0.36	287	0.34	0	0.09	90	0.33	180	0.09	270
	4	0.35	285	0.32	0	0.10	90	0.33	180	0.08	270
	5	0.34	286	0.33	0	0.09	90	0.31	180	0.10	270
	平均	0.34	236	0.33	0	0.09	90	0.33	180	0.09	270

续表

项目	序列号	偶不平衡量		上校正面				下校正面			
				校正量 1		校正量 2		校正量 1		校正量 2	
		大小/g	角度/(°)	大小/g	角度/(°)	大小/g	角度/(°)	大小/g	角度/(°)	大小/g	角度/(°)
偶平衡校正后	1	0.01	192	0	0	0.01	270	0.01	180	0.01	90
	2	0	86	0	180	0	90	0	180	0	270
	3	0	186	0.01	0	0	90	0	180	0	270
	4	0.01	276	0.01	180	0	90	0	0	0	270
	5	0.01	215	0.01	0	0	270	0.01	0	0	90
	平均	0.01	0	0.01	0	0	0	0.01	0	0	0

6.6
实验结果

在理想平衡转子的上校正面为 270°，下校正面为 0°的位置上，加上 0.781g 的配重，将转子放在气悬浮动平衡检测平台进行测试，静不平衡量的检测数据，如表 6-9 所示。

表 6-9　转子静不平衡量实验数据

序列号	静不平衡量		校正量 1		校正量 2	
	大小/g	角度/(°)	大小/g	角度/(°)	大小/g	角度/(°)
1	1.110	316	0.792	180	0.779	90
2	1.115	316	0.788	180	0.779	90
3	1.108	316	0.788	180	0.779	90
4	1.115	316	0.784	180	0.780	90
5	1.108	316	0.788	180	0.779	90
平均	1.111	316	0.788	180	0.779	90

首先，在下校正面为 90°、180°的位置分别加上 0.781 正量，进而能够消除静不平衡量，然后，再对转子进行偶不平衡量检测，检测数据结果如表 6-10 所示。

表 6-10　转子偶不平衡量实验数据

序列号	偶不平衡量		上校正面				下校正面			
			校正量 1		校正量 2		校正量 1		校正量 2	
	大小/g	角度/(°)	大小/g	角度/(°)	大小/g	角度/(°)	大小/g	角度/(°)	大小/g	角度/(°)
1	0.79	2	0.01	0	0.78	90	0.01	180	0.81	270
2	0.80	359	0.02	0	0.81	90	0.02	180	0.78	270
3	0.79	0	0.0	0	0.79	90	0.0	180	0.78	270
4	0.79	1	0.02	0	0.78	90	0.02	180	0.79	270
5	0.79	359	0.02	0	0.81	90	0.02	180	0.81	270
平均	0.79	1	0.01	0	0.79	90	0.01	180	0.54	270

将转子的静不平衡量和转子的偶不平衡量的实验数据进行叠加，叠加后数据即动不平衡量数据，如表 6-11 所示。

表 6-11　动不平衡量数据

项目	上校正面				下校正面			
	校正量 1		校正量 2		校正量 1		校正量 2	
	大小/g	角度/(°)	大小/g	角度/(°)	大小/g	角度/(°)	大小/g	角度/(°)
测量	0.01	0	0.79	90	0.798	180	0.011	270
实际	0	0	0.781	270	0.781	0	0	0
误差	0.01	0	0.009	0	0.017	0	0.01	0

通过气悬浮动平衡检测试验台对实验数据与实际值进行比较，误差值在 0.01g 到 0.02g 之间，满足检测的要求，证明了本书提出理论的可行性与正确性。

6.7
本章小结

在本章的研究中，气悬浮动平衡检测原理被深入探讨和应用，其基本原理是利用气体的压力来实现物体的悬浮，通过精密控制和调节气体流量和压力，实现对待测物体的悬浮和平衡。同时，借助仿生学理论的指导，将生物学中有关生物运动和平衡调节的原理应用到系统设计中，提高了系统的稳定性和自适应能力，使得气悬浮动平衡检测系统更加符合实际工程应用的要求。

　　在整个研究过程中，数据融合技术也发挥了关键作用，通过对多源数据的收集、整合和分析，最大限度地提高了数据的准确性和可靠性。本研究团队利用先进的数据融合算法，将来自不同传感器和监测设备的数据进行有效整合，从而实现了对检测数据误差的精准控制和修正，保证了系统数据的可靠性和稳定性。

　　大量实验数据的支持和验证进一步证明了该气悬浮动平衡检测平台理论的可行性和优越性。这一研究成果为气悬浮动平衡检测技术的进一步推广和应用提供了有力的理论支持和实验基础，为相关领域的科研和工程实践提供了新的思路和方法。通过这一研究成果，可以在航空航天、机械制造和精密仪器等领域推动气悬浮技术的发展，为实现更精准、更可靠的动平衡检测奠定了坚实的基础。

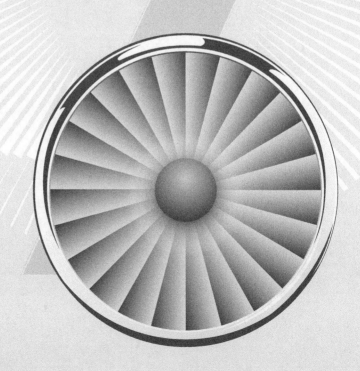

第7章
结论与展望

7.1

主要结论

　　具有空间装置质量特性的综合测量设备能够用来测试动态不平衡、转动惯量以及几何轴等参数。关键技术是确保在一定转速下垂直动平衡的测量精度。利用垂直动平衡测量能够确定空间装置的动态不平衡和主惯性轴方程，且能够得到主惯性轴与几何轴之间的角度及其他一些技术参数，通过该过程对产品的平衡特性进行检测，主惯性轴方程与主惯性轴和几何轴之间的夹角为改善产品的加工和装配过程提供了科学依据。目前，高精度垂直转子动平衡技术仍然是一个难以深入研究的难题，世界上主要的动平衡设备制造商在研究中投入了大量的科研人员和科研经费。本书对动平衡检测方法进行了深入研究，同时为解决动平衡信号干扰的问题，提出了小波去噪方法，去掉不平衡信号中的干扰，保证检测信号相对准确，研究并总结出气悬浮转子动平衡检测原理。研究开发动平衡分离算法模型，动平衡测量装置设计方法，数据融合技术、信号处理技术等关键技术。本书的主要成果和特点在原理和工程中的应用如下所述。

　　① 根据动平衡的检测要求和气悬浮技术的特点，提出了气悬浮转子动平衡的测量方法。转子的技术原理是气悬浮技术可使转子稳定悬浮起来，并有均匀水平分布的气流吹动转子进行旋转，由于转子动不平衡量的存在，所以会使转子相对水平位置发生偏离。利用高精度非接触式位移传感器对其进行测量，通过测量得到转子的偏移位移，从而进行计算得到转子的动不平衡量。转子的静不平衡量和偶不平衡量分别都在转子处于静止和旋转时进行测量以及校正，实现了静不平衡量和偶不平衡量检测的分离，避免了它们之间的相互干扰。当转子不旋转悬浮时，可以通过测量转子的偏移位移计算出转子的静不平衡量，校正了静不平衡量后，再使转子悬浮起来，同时在水平气流的作用下进行匀速转动，通过传感器对转子采集的偏移量计算出偶不平衡量，进而进行校正。必须保证静不平衡检测和偶不平衡检测两种检测独立进行测量，以保证气悬浮动平衡检测的精度。

　　② 本书在平衡检测时，提出了转子在两个校正面上静平衡和偶平衡之间的关系。建立了转子静不平衡量和偶不平衡量与转子倾斜偏移量之间的关系方程。经过计算得到其参数，并对所得数据进行实验分析，进而通过转子偏移量计算得到转子的静不平衡量以及其偶不平衡量。本书提出的检测方法不需要对转子标定进行校验，同时在检测其静不平衡量时，也不需转子的转动。通过转子稳定悬浮

的位移偏移量，根据关系方程就可计算出转子的静不平衡量，在保证检测精度的同时节省了检测时间与检测成本。

③ 根据仿生学原理，仿生长耳鸮翅膀表面结构，通过仿真实验模拟出气流的流向，然后通过遗传算法优化出仿生结构最优参数，最后设计出气悬浮动平衡检测平台，证明了理论的可行性。此平台能够有效地提高气浮升力，降低能源消耗。同时根据气悬浮动平衡测量的基本原理和工程需求，研究了多孔气悬浮技术、气流驱动技术、气压分布测量、精密恒压供气、传感器标定等实验装置和机构的相应设计技术。气悬浮动平衡检测平台采用气涡流驱动方式和小孔、多孔悬浮技术，使转子转速保持恒定并能够稳定悬浮。解决了气悬浮稳定性差、非接触驱动等技术问题，得到了较高的测量精度。

④ 研究转子空间受到气体压力波动幅度以及频率的影响。分析转子自激振动产生的原因。建立了基于计算机的 PDM 控制平台，实现了气压的直接数字闭环控制。

⑤ 为了解决传感器采集中的信号去噪问题，对数据进行预处理，选用剔除脉冲干扰以及二次磨光的技术方法，然后使用小波去噪算法来完成信号去噪处理，研究了数字滤波和多频信号参数识别的应用。为了提高传感器的精度，采用多传感器数据融合技术，将粒子群优化改进的 BP 神经网络算法应用于数据融合，有效提高了数据融合的融合精度。

⑥ 利用 ERP 和 MES 在动平衡机系统中的应用，通过 ERP 和 MES 系统对动平衡机测试进行管理，提高了企业的生产管理水平，同时借助 MES 系统实现对转子动平衡测试的追溯。最后通过 WiFi 技术完成平板电脑向云服务器的数据传输。

7.2
创新点

① 分析长耳鸮翅膀表面结构，根据仿生学原理和多孔气悬浮原理，对模型进行仿真模拟实验，同时设计出气悬浮动平衡检测平台，在保证测量精度的情况下，有效地减少了气流的消耗，降低了能源消耗，保证悬浮的稳定性。同时根据气悬浮动平衡检测原理，建立了转子静平衡量、偶平衡量与转子位移偏移量的关

系方程，实现了转子不平衡量的有效计算。

② 对传感器采集的干扰信号，采用二次磨光技术方法对数据进行预处理，然后采用小波降噪算法，对信号进行处理，最终去掉干扰信号，得出准确的采集信号。

③ 为了有效地提高检测精度，对传感器采集的数据采用多传感器数据融合技术，将粒子群优化改进的 BP 神经网络算法应用在多传感器数据融合中，对信号参数进行了有效的识别和融合，进一步提高了气悬浮动平衡检测平台的检测精度。

7.3
展望

通过本研究工作，我们深入了解了理论模型结构设计及其相应的数据处理，并且掌握了精密气压控制系统以及测量控制系统等一系列核心技术。可以作为大型动平衡测量装置研发的技术保障。动平衡技术的发展建立在多学科融合的基础上，包括力学、转子动力学以及流体力学等，还与测量技术以及计算机技术息息相关，对动平衡技术的研究还需不断进行，任重而道远。下一阶段要进行的研究和相应解决方案如下。

① 低速垂直动平衡测量是动平衡技术研究领域的一大难题，主要问题在弱信号降噪以及识别。若转子转速低于 20r/min，则信号会出现明显的不稳定，驱动气流的不均匀受到较大影响。在现有测量原理及方法不断优化的基础上，需要进一步了解测量过程中的干扰因素，因此要对其进行研究和分析，进而使其更加完善以满足工程应用的要求。

② 为了使动平衡检测平台具有较大的检测能力，并适应不同工件的要求，需开发能够在线独立调整相关参数的支撑系统，并且开展通过自适应调整模式，解决振动测量灵敏度问题的研究，特别是高速动平衡机的研制。

③ 为了提高动平衡检测平台的精度，应该对信号降噪处理、数据融合等信号处理算法展开更深入的研究，选出最优算法，从算法运算中进一步提高检测平台的精度。

参 考 文 献

[1] Bryhni H, Klovning E, Kure O. A comparison of load balancing techniques for scalable Web servers [J]. IEEE Network, 1998, 14 (4): 58-64.

[2] Zhang H F, Yang Y. Research and application of dynamic balance technology in mechanical equipment Rotor [J]. Mechanical Research and Application, 2013.

[3] Zu-Le W U, Shen J, Lai O. Application of dynamic balance technology used in the machining of urban rail vehicle car body [J]. Electric Locomotives and Mass Transit Vehicles, 2011.

[4] Yang C, Zhong G, Yao J, et al. Development and application of two-strand slab continuous caster mold taper dynamic balance technology [J]. Iron and Steel, 2014.

[5] Zhang S, Wu L, Zhou D, et al. Analysis of double-face online dynamic balance of machine tool spindle with balance disks [J]. Mach Design Manuf. 2010 (07): 152-154.

[6] 刘娜娜. 变转速旋转机械不平衡量实时计算方法 [J]. 制造业自动化, 2015, 37 (02): 16-19.

[7] Sinou J J. Non-linear dynamics and contacts of an unbalanced flexible rotor supported on ball bearings [J]. Mechanism and Machine Theory. 2009, 44: 1713-1732.

[8] Donald L. Kun Z, Mark C. Newkirk. A generalized dynamic balancing procedure for the AH-64 tail rotor [J]. Journal of Sound and Vibration, 2009, 326: 353-366.

[9] Foiles W C, Allaire P E, Gunter E J. Review: Rotor balancing [J]. Shock and Vibration, 1998, 5 (5-6): 325-336.

[10] Zhou S, Shi J. Active balancing and vibration control of rotating machinery: a survey [J]. Shock and Vibration Digest, 2001, 33 (5): 361-371.

[11] Bishop R E D, Parkinson G. On the isolation of modes in the balancing of flexible shafts [J]. Preceeding of the Institution of Mechanical Engineers, 1963: 407-426.

[12] Kellenberger W. Balancing flexible rotors on two generally flexible bearings [J]. Brown Boveri Review, 1967, 54 (9): 603-617.

[13] Liu S, Qu L. A new field balancing method of rotor systems based on holospectrum and genetic algorithm [J]. Applied Soft Computing, 2008, 8 (1): 446-455.

[14] Zhang Y, Mei X, Shao M, et al. An improved holospectrum-based balancing method for rotor systems with anisotropic stiffness [J]. Proceedings of Institution of Mechanical Engineers Part C Journal of Mechanical Engineering Science, 2013, 227 (2): 246-260.

[15] Qu L, Liu X, Peyronne G, et al. The holospectrum: A new method for rotor surveillance and diagnosis [J]. Mechanical Systems and Signal Processing, 1989, 3 (3): 255-267.

[16] Zhang Y J, Li J L, Zhang Y C, et al. Application of holospectrum technology on portable dynamic balancing instrument [J]. Meikuang Jixie (Coal Mine Machinery), 2012, 33 (3): 201-204.

[17] Liu D, Guo J, Shen Y. Information fusion of accelerometers based on the MEMD and holo-spectrum technology [J]. Journal of University of Science and Technology of China, 2016.

[18] Wei Y G, Tang B P, Cheng F B, et al. Research of holospectrum technique based on order tracking

[J]. Journal of Chongqing University (Natural Science Edition), 2007, 30 (2): 9-21.

[19]　Lu Y, Yu L, Liu H. Dynamic characteristics and stability of nonlinear rotor-bearing system [J]. Journal of Mechanical Strength, 2004.

[20]　Jiang M, Lu Y, Xu H, et al. Coupling dynamic behaviors and stability analysis of nonlinear rotor-bearing system [J]. Journal of Mechanical Strength, 2007, 29 (3): 370-375.

[21]　Yi W, Huang H, Han W. Design optimization of transonic compressor rotor using CFD and genetic algorithm [C]. ASME Turbo Expo 2006: Power for Land, Sea, and Air. American Society of Mechanical Engineers Digital Collection, 2006: 1191-1198.

[22]　ShafeiA, KabbanyA S, YounanA A. Rotor balancing without trial weights [J]. Journal of En-gineering for Gas Turbines and Power, 2009.

[23]　Paul T V. Soft balancing in the age of US primacy [J]. International security, 2005, 30 (1): 46-71.

[24]　Agrawal V, Chao X, Seshadri S. Dynamic balancing of inventory in supply chains [J]. European Journal of Operational Research, 2004, 159 (2): 296-317.

[25]　Matsushita O, Tanaka M, Kanki H, et al. Unbalance and balancing [M]. Vibrations of Rotating Machinery. Springer, Tokyo, 2017: 105-152.

[26]　Kang Y, Tseng M H, Wang S M, et al. An accuracy improvement for balancing crankshafts [J]. Mechanism and machine theory, 2003, 38 (12): 1449-1467.

[27]　Pan X, Xie Z, Lu J, et al. Novel liquid transfer active balancing system for hollow rotors of high-speed rotating machinery [J]. Applied Sciences, 2019, 9 (5): 833.

[28]　曹宜植, 蔡志明. 基于联合检测与估计的闭环系统设计及应用 [J]. 华中科技大学学报 (自然科学版), 2019, 47 (08): 6-10.

[29]　Grobel L P. Balancing turbine-generator rotors [J]. General Electric Review, 1953, 56 (4): 22-26.

[30]　Palazzolo A B, Gunter E J. Model balancing of a multimass flexible rotor without trial weights [R]. ASME 82-GT-267, 1982.

[31]　Laurenson R M. Modal analysis of rotating flexible structures [J]. Aiaa Journal, 2015, 14 (10): 1444-1450.

[32]　章璟璇. 柔性转子动平衡及转子动力学特性的研究 [D]. 南京: 南京航空航天大学, 2005.

[33]　Foppl A. Das problem der laval'schen turbinenwelle [J]. Civilingenieur, 1895, 41: 248-250.

[34]　Jeffcott H H. The lateral vibration of loaded shafts in the neighbourhood of a whirling speed. —The effect of want of balance [J]. The London, Edinburgh, and Dublin Philosophical Magazine and Journal of Science, 1919, 37 (219): 304-314.

[35]　Weaver S H. Balancing of rotors in factory and at installation [J]. General Electric Review, 1928, 31 (10): 542-545.

[36]　Rathbone T C. Turbine vibration and balancing [J]. Trans. American Society of Mechanical Engineers, 1929, 51 (1), 267-284.

[37]　Thearle E L. Dynamic balancing of rotating machinery in the field [J]. Trans. ASME, 1934, 56 (10): 745-753.

[38] Baker J G. Methods of rotor-unbalance determination，Trans. American Society of Mechanical Engineers [J]. Applied Me-chanics，1939.

[39] Hopkirk K R. Notes on methods of balancing [J]. The engineer，1940，170：38-39.

[40] Goodman T P. A least-squares method for computing balance corrections [J]. Journal of Engineering for Industry，1964，86（3）：273-277.

[41] Parkinson A G，Darlow M S，Smalley A J. A theoretical introduction to the development of a unified approach to flexible rotor balancing [J]. Journal of Sound and Vibration，1980，68（4）：489-506.

[42] Lund J W，Tonnesen J. Analysis and experiments on multi-plane balancing of a flexible rotor [J]. Journal of Engineering for Industry，1972，94（1）：233-242.

[43] LeGrow J V. Multiplane balancing of flexible rotors-a method of calculating correction weights [C]. Mechnaical Engineering. 345 E 47TH ST，NEW YORK，NY 10017：ASME-AMER SOC MECHANICAL ENG，1971，93（11）：52.

[44] Gnielka P. Modal balancing of flexible rotors without test runs：an experimental investigation [J]. Journal of Sound and Vibration，1983，90（2）：157-172.

[45] Little R M，Pilkey W D. A linear programming approach for balancing flexible rotors [J]. Journal of Engineering for Industry，1976，98（3）：1030-1035.

[46] Pilkey W D，Bailey J T. Constrained balancing techniques for flexible rotors [J]. Journal of Mechanical Design，1979，101（2）：304-308.

[47] Bishop R E D. The vibration of rotating shafts [J]. Journal of Mechanical Engineering Science，1959，1（1）：50-65.

[48] Tessarzik J M，Badgley R H，Anderson W J. Flexible rotor Balancing by the Exact Point-Speed Influence Coefficient Method [J]. Journal of Manufacturing Science and Engineering，1972，94（1）：148-158.

[49] Parkinson A G，Jackson K L，Bishop R E D. Some experiments on the balancing of small flexible rotors：part Ⅱ——experiments [J]. Journal of Mechanical Engineering Science，1963，5（2）：133-145.

[50] Parkinson A G，Jackson K L，Bishop R E D. Some experiments on the balancing of small flexible rotors：Part Ⅰ——Theory [J]. Journal of Mechanical Engineering Science，1963，5（1）：114-130.

[51] Hundal M S，Harker R J. Balancing of flexible rotors having arbitrary mass and stiffness distribution [J]. Journal of Engineering for Industry，1966，88（2）：217-223.

[52] Sanliturk K Y，Imregun M，Ewins D J. Harmonic balance vibration analysis of turbine blades with friction dampers [J]. Journal of Vibration and Acoustics，1997，119（1）：96-103.

[53] Ribary F. The balancing of masses in rotating bodies [J]. Brown Boveri Review，1936（23）：186-192.

[54] Somervaille I J. Balancing a rotating disc，simple graphical construction [J]. Engineering，February，1954.

[55] Somervaille I J. Sensitivity of a vibrating reed，null indicator [J]. Journal of Scientific Instruments，

1954，31 (12)：439.

[56] Jackson C. The practical vibration primer [M]. Gulf Pub Co，1979.

[57] Barrett L E，Gunter E J，Allaire P E. Optimum bearing and support damping for unbalance response and stability of rotating machinery [J]. Journal of Engineering for Power，1978，100 (1)：89-94.

[58] Gunter E J，Springer H，Humphris R R. Balancing of multimass flexible rotor bearing system without phase measurements [C]. Conference on Rotordynamics Problems in Power Plants，Rome，Italy. 1982.

[59] Rieger N F. Balancing of rigid and flexible rotors [R] . Stress Technology Inc rochestre NY，1986.

[60] Jackson C. Using the orbit to balance [J]. Mechanical Engineering，1971.

[61] Jackson C. The practical vibration primer [J]. GulfPubl. ，Houston，Texas，1979.

[62]   Stocki R，Szolc T，Tauzowski P，et al. Robust design optimization of the vibrating rotor-shaft system subjected to selected dynamic constraints [J]. Mechanical systems and signal processing，2012，29：34-44.

[63] Didier J，Sinou J J，Faverjon B. Study of the non-linear dynamic response of a rotor system with faults and uncertainties [J]. Journal of Sound and Vibration，2012，331 (3)：671-703.

[64] Sinou J J. Effects of a crack on the stability of a non-linear rotor system [J]. International Journal of Non-Linear Mechanics，2007，42 (7)：959-972.

[65] Hua J，Wan F，Xu Q. Numerical and experimental studies on nonlinear dynamic behaviors of a rotor-fluid film bearing system with squeeze film dampers [J]. Journal of Vibration and Acoustics-Transactions of the Asme，2001，123 (3)：297-302.

[66] Wang Y，Guo N，Zhu J，et al. Initial rotor position and magnetic polarity identification of pm synchronous machine based on nonlinear machine model and finite element analysis [J]. IEEE Transactions on Magnetics，2010，46 (6)：2016-2019.

[67] Akimoff N W. Recent developments in balancing apparatus [J]. Journal of the American Society for Naval Engineers，1918，30 (2)：379-386.

[68] Tafel J，Lawaczeck P. Über thiopyrrolidon. Ⅱ [J]. Berichte der deutschen chemischen Gesellschaft，1907，40 (3)：2842-2848.

[69] Soni A，Vishwakarma G，Kumar J Y. A bee colony based multi-objective load balancing technique for cloud computing environment [J]. International Journal of Computer Applications，2015，114 (4)：19-25.

[70] Jiang Y F，Yang M L. Research based on virtual instrument dynamic balance measurement technology [J]. Journal of Shaanxi University of Technology，2014.

[71] Zhang C Y，Wang J，Wu X P. The design of measurement system of dynamic balance test machine on labview [J]. Journal of Nanjing University of Science and Technology，2001.

[72] Li L S. New method of dynamic balance of precision centrifuge [J]. Journal of Harbin Institute of Technology，2001.

[73] Han J，Wang J，Xu J，et al. Research on new dynamic balance calibration method with measurement

error processing function [J]. Chinese Journal of Scientific Instrument，2013，34：1454-1461.

[74] 顾晃，杨建明，任浩仁. 减少转子动平衡启动次数的优化方法 [J]. 动力工程，1985，23（02）：38-47.

[75] 贾振波. 挠性转子动平衡的影响系数法 [J]. 西安矿业学院学报，1993.

[76] 刘正士，陈心昭. 转子动平衡的相对系数法及其在动态信号分析仪上的实现 [J]. 机械强度，1994.

[77] 王晓升. 考虑平衡质量受限时最小二乘影响系数法的改进 [J]. 西安交通大学学报，1998.

[78] 勾新刚，张大卫，曾子平. 遗传算法在转子影响系数平衡法中的应用 [J]. 机械设计，2002，15（07）：32-34.

[79] Chen Y M，Meng G，Liu J K. A new method for Fourier series expansions：applications in rotor-seal systems [J]. Mechanics Research Communications，2011，38（5）：399-403.

[80] Liu S. A modified low-speed balancing method for flexible rotors based on holospectrum [J]. Mechanical Systems and Signal Processing，2007，21（1）：348-364.

[81] Liu S. A new balancing method for flexible rotors based on neuro-fuzzy system and information fusion [C]. International Conference on Fuzzy Systems and Knowledge Discovery. Springer，Berlin，Heidelberg，2005：757-760.

[82] Liao Y，Zhang P. Unbalance related rotor precession behavior analysis and modification to the holobalancing method [J]. Mechanism and Machine Theory，2010，45（4）：601-610.

[83] 徐娟. 在线动平衡测试的相关信号处理与标定算法研究 [D]. 合肥：合肥工业大学，2012.

[84] 张高敏. 动不平衡信号处理与标定算法的研究 [D]. 沈阳：辽宁大学，2011.

[85] 韩江洪，王景华，徐娟，等. 具有误差处理功能的动平衡标定方法研究 [J]. 仪器仪表学报，2013，34（7）：1454-1461.

[86] 韦文林，丛培田. 微机化硬支承动平衡机测试系统的加试重递推标定法 [J]. 试验技术与试验机，1991，31（2）：29-33.

[87] 曹继光，邹静. 框架式双面立式动平衡机平面分离的误差分析 [J]. 华中理工大学学报. 2000，28（5）：38-40.

[88] Dinggen L，Jiguang C，Junwen W，et al. The design and analysis of vibration structure of vertical dynamic balancing machine [J]. Acta Mechanica Solida Sinica，2004，17（2）：172-182.

[89] 余汝生，叶能安. 动平衡原理与动平衡机 [M]. 武汉：华中工学院出版社，1985.

[90] 胡正荣. 平衡机的设计与应用 [M]. 北京：国防工业出版社，1988.

[91] 三轮修三，下村玄. 旋转机械的平衡 [M]. 北京：机械工业出版社，1992.

[92] 王汉英，张再实，徐锡林. 转子平衡技术与平衡机 [M]. 北京：机械工业出版社，1988.

[93] 徐锡林. 浅述我国平衡机的发展方向 [J]. 试验技术与试验机，2003，43（1）：6-22.

[94] 朱晓农. 国产平衡机的现状及发展预测 [J]. 试验技术与试验机，1997，37（4）：10-20.

[95] 屈梁生，邱海，徐光华. 全息动平衡技术：原理与实践 [J]. 中国机械工程，1998，9（1）：60-63.

[96] Yang J，He S Z. Dynamic balancing instrument for dual-rotor system with very little speed difference based on DSP technology [J]. Chinese Journal of Scientific Instrument，2002，23（4）：331-334.

[97] 张志新，贺世正. 高速转子整机动平衡仪的开发与研究 [J]. 振动工程学报，2001，14（4）：

383-387.

[98] 张志新，贺世正，周保堂. 卧式离心机不解拍整机动平衡方法及拍振信号的提取与处理 [J]. 机械科学与技术，2001，20（2）：182-184.

[99] 李顺利，房振勇，任顺清. 精密离心机自动动平衡新方法的研究 [J]. 机械工程学报，2000，36（10）：91-93.

[100] 李顺利，房振勇，任顺清. 精密离心机动平衡系统的独立调节法 [J]. 振动工程学报，2000，13（4）：591-595.

[101] 郑建彬，黎明发，陈庆虎，等. 超微型转子动平衡测试机不平衡量提取 [J]. 中国机械工程，2003，14（6）：464-466.

[102] 余先涛，赵崇海. 汽车发电机转子动平衡自动去重设计 [J]. 武汉汽车工业大学学报，2000，22（1）：18-21.

[103] 郑建彬. 微型转子自动动平衡机的研究与实践 [J]. 武汉汽车工业大学学报，1998，20（4）：53-56.

[104] 李志明，余先涛，杨光. 汽车发电机转子自动动平衡机的设计原理 [J]. 汽车工程，2000，22（2）：143-144.

[105] Lou S, Jiang X, Scott P J. Algorithms for morphological profile filters and their comparison [J]. Precision Engineering，2012，36（3）：414-423.

[106] Jiang X, Jiang Y, Wang Y, et al. Non-Markovian decay of a three-level Λ-type atom in a photonic-band-gap reservoir [J]. Physical Review A，2006，73（3）：033802.

[107] 池哲儒，黄风雷. 产生任意幅值分布随机信号的方法 [J]. 试验机与材料试验，1987，13（6）：7-13.

[108] 杨志东，丛大成，韩俊伟，等. 基于扩展型准牛顿优化算法的单轴正弦扫频振动控制 [J]. 振动与冲击，2008，12（3）：99-103.

[109] 杨志东. 液压振动台振动环境模拟的控制技术研究 [D]. 哈尔滨：哈尔滨工业大学，2009.

[110] Yang Z, Huang Q, Han J, et al. Adaptive inverse control of random vibration based on the filtered-X LMS algorithm [J]. Earthquake engineering and engineering vibration，2010，9（1）：141-146.

[111] 孙宁，李瑰贤. 随机振动信号的一种简单模拟计算方法 [J]. 振动与冲击，2000，12（2）：52-53.

[112] 孙宁，李瑰贤. 一种能实现变刚度特性的新型抗振冲机构设计 [J]. 机械设计，2000，46（7）：16-19.

[113] 施毅坚. 具有特定功率谱形式的随机信号数字模拟 [J]. 南京航空航天大学学报，1991，23（4）：135-139.

[114] 罗海坤，吴嗣亮，王永庆. 基于改进 ziggurat 算法的高斯白噪声发生器 [J]. 系统工程与电子技术，2011，56（4）：879-883.

[115] 何志华. 一种高效率的随机信号发生器 [J]. 计算机仿真，2010，（10）：321-325.

[116] 樊昊. 数字随机信号发生的研究 [D]. 南京：南京理工大学，2006.

[117] 孙延奎. 小波分析及其应用 [M]. 北京：机械工业出版社，2005.

[118] Wang Y, Lu C, Zuo C. Coal mine safety production forewarning based on improved BP neural net-

work [J]. International Journal of Mining Science and Technology, 2015, 25 (2): 319-324.

[119] Kamalzadeh H, Ahmadi A, Mansour S. A shape-based adaptive segmentation of time-series using particle swarm optimization [J]. Information Systems, 2017, 67: 1-18.

[120] Zou T, Wang Y, Wang M, et al. A real-time smooth weighted data fusion algorithm for green-house sensing based on wireless sensor networks [J]. Sensors, 2017, 17 (11): 2555.

[121] Hwang Y . Investigating the Influence of Cultural Orientation and Innovativeness on ERP Adoption [J]. Journal of Global Information Technology Management, 2014.

[122] Hamidi H . A fuzzy logic approach to evaluation of customer satisfaction [J]. Journal of Marketing Management, 2015, 10 (28): 73-90.

[123] 章佳. 面向 MES 的车间生产过程监控系统研究 [D]. 成都：电子科技大学, 2023.

[124] 贺燕萍 . MES 在制造生产管理中的应用 [D]. 广州：华南理工大学, 2023.